秦皇岛康养与医疗
气象服务技术研究

主　编　卢宪梅
副主编　徐　静　燕成玉

U0333401

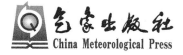

气象出版社
China Meteorological Press

内 容 简 介

本书利用 2005 年以来秦皇岛康养与医疗气象研究成果,分析了秦皇岛气候舒适度特征;对具有本地特色的户外游泳气象指数、休闲出游气象指数、海上观光气象指数、海钓气象指数、户外锻炼气象指数、康养气象指数、蓝天气象指数、日出观赏气象指数等 8 项康养与生活气象指数进行了阐述,明确了康养与生活气象指数的内涵;对秦皇岛的环境空气质量、酸雨、空气负离子等环境气象要素特征进行了总结。分析了秦皇岛呼吸系统疾病(儿童)、脑血管疾病、缺血性心肌病与气象要素的关系,得出了疾病高发期气象要素的阈值特征,分析了疾病相对危险度与气象要素定量关联结果,建立了秦皇岛呼吸系统疾病(儿童)、脑血管疾病广义相加预报模型,为秦皇岛康养医疗气象服务提供了技术支撑,在出现疾病高发期气象条件时向医疗部门、康养机构以及患病人群提前预警,为康养人群日常旅游、休闲、度假、疗养进行服务。本书适合康养气象服务、旅游规划、休疗养老服务相关人员阅读,为高质量康养服务业态提供了科学依据。

图书在版编目(CIP)数据

秦皇岛康养与医疗气象服务技术研究 / 卢宪梅主编
. -- 北京 : 气象出版社, 2021. 12
ISBN 978-7-5029-7620-0

Ⅰ. ①秦… Ⅱ. ①卢… Ⅲ. ①旅游保健—气象服务—研究—秦皇岛 Ⅳ. ①P451

中国版本图书馆CIP数据核字(2021)第243650号

秦皇岛康养与医疗气象服务技术研究
Qinhuangdao Kangyang yu Yiliao Qixiang Fuwu Jishu Yanjiu

出版发行:气象出版社

地　　址:北京市海淀区中关村南大街 46 号　　　　邮政编码:100081
电　　话:010-68407112(总编室)　010-68408042(发行部)
网　　址:http://www.qxcbs.com　　　　E-mail: qxcbs@cma.gov.cn
责任编辑:王　迪　　　　　　　　　　　　终　　审:吴晓鹏
责任校对:张硕杰　　　　　　　　　　　　责任技编:赵相宁
封面设计:艺点设计
印　　刷:北京中石油彩色印刷有限责任公司
开　　本:787 mm×1092 mm　1/16　　　　印　　张:7.25
字　　数:186 千字　　　　　　　　　　　彩　　插:1
版　　次:2021 年 12 月第 1 版　　　　　　印　　次:2021 年 12 月第 1 次印刷
定　　价:50.00 元

本书如存在文字不清、漏印以及缺页、倒页、脱页等,请与本社发行部联系调换

编委会

主　　编：卢宪梅

副 主 编：徐　静　燕成玉

编写人员（按姓氏拼音排序）：

郭鸿鸣　靳甜甜　李瑞盈　刘冰玉

刘昊野　刘志刚　毛智政　沈鹿鸣

张宝贵　张晨宇　赵　铭

前　言

随着我国社会经济快速发展以及老龄化社会的快速到来,涵盖健康、养老、养生、医疗、郊游等诸多业态的康养产业发展迅速,康养人群到气候适宜的地方去生活也成了一种新时尚。党的十九届五中全会报告指出,推动生活性服务业向高品质和多样化升级,加快发展健康、养老、育幼、文化、旅游、体育、家政、物业等服务业,加强公益性、基础性服务业供给。现代生活方式和社会发展需求对人居环境气候的舒适性、康养与生活气象指数、疾病与气象条件的关系研究都有了较旺盛的需求。秦皇岛冬无严寒、夏无酷暑,空气质量优良,负氧离子丰富,日照充足,水果资源丰富,康养气候适宜性优良,是旅游、康养、休疗的适宜城市。2014年以来,秦皇岛市康养、医疗产业发展迅速,本书充分利用近年来康养与医疗气象研究成果,及时归纳总结秦皇岛气候舒适度分析结果、康养与生活气象指数创建以及医疗气象指标阈值,得出疾病相对危险度与气象要素定量关联结果,为今后秦皇岛康养气象及医疗气象的研究和应用提供参考依据。

本书共分为7章。第1章为综述,描述了秦皇岛自然地理概况、秦皇岛气候特征和康养需求;第2章对秦皇岛气候舒适度进行分析;第3章为秦皇岛康养与生活气象指数研究与设计;第4章为秦皇岛环境特征分析,对秦皇岛的空气质量、臭氧、空气负离子、酸雨等对康养生活有影响的环境特征进行了分析;第5章为呼吸系统疾病的影响(儿童)与气象因子关系研究;第6章是脑血管疾病与气象因子关系研究;第7章是缺血性心肌病与气象因子关系研究。第1章由卢宪梅、郭鸿鸣编写,第2章由徐静编写,第3章由徐静、刘昊野编写,第4章由沈鹿鸣、靳甜甜、毛智政、张宝贵、刘志刚编写,第5章由徐静、李瑞盈编写,第6章由赵铭、燕成玉编写,第7章由刘冰玉、张晨宇编写。全书由卢宪梅、燕成玉进行统稿。

本书的出版得到了河北省气象与生态环境重点实验室和河北省科技厅项目"秦皇岛康养与医疗气象服务技术研究"(项目编号:18275402D)的资助,感谢项目合作单位秦皇岛市疾病预防控制中心的大力支持。本书也搜集了部分秦皇岛市近几年的康养气象科研成果。在本书编写的过程中,付桂琴等专家对本书医疗气象内容提出了宝贵意见,在此一并表示感谢。

作者

2021 年 6 月

目　　录

第1章 综 述

1.1 秦皇岛市自然地理概况

秦皇岛市地处华北地区、河北省东北部,北依燕山、黑山,南滨渤海,东和东北与辽宁省接壤,西北与河北省承德市相接,西与河北省唐山市相连,市境地理坐标北纬 39°24′—40°37′、东经 118°33′—119°51′,西距首都北京 280 km,距天津市 220 km,西南距河北省的省会石家庄市483 km。秦皇岛现辖海港区、山海关区、北戴河区、抚宁区 4 个市辖区,昌黎县、卢龙县、青龙满族自治县 3 个县,并设有国家级秦皇岛经济技术开发区和副厅级新区北戴河新区。总面积7812 km²,海岸线长 162.7 km,常住人口 313.69 万人(第七次全国人口普查数据)。京哈、京秦、大秦、秦沈客运专线、5 条国有铁路和京沈高速公路、沿海高速公路、承秦高速公路及 102国道、205 国道在秦皇岛交汇,秦皇岛北戴河机场位于昌黎县境内,为 4C 级国际支线机场、临时航空口岸机场,交通便利。

秦皇岛市位于燕山山脉东段丘陵地区与山前平原地带,地势北高南低,形成北部山区—低山丘陵区—山间盆地区—冲积平原区—沿海区。秦皇岛因秦始皇东巡至此派人入海求仙而得名,因《浪淘沙·北戴河》而闻名遐迩。旅游资源丰富,具有多样性、集中性、质优性、独有性的特点,在方圆 50 km、车程 1 h 范围内,集中了大海、沙滩、湖泊、温泉、青山、森林、湿地和特殊地质地貌等自然旅游资源和古长城、著名关城以及历史传说、名人风物等人文旅游资源,是驰名中外的旅游休闲胜地。秦皇岛市打造长城文化游、海滨休闲度假游、自然生态游、商务会展旅游等特色旅游品牌,是一座既蕴涵古都风韵、又富有现代气息的文化都市,是中国著名的避暑胜地。因其休闲、旅游资源丰富,秦皇岛曾获"中国最美海滨城市""全国十佳生态文明城市""中国北方最宜居城市""中国最佳休闲城市""中国最具幸福感城市""全国森林城市"等称号,2016 年 9 月,经国务院批准,设立北戴河生命健康产业创新示范区,这是中国第一个国家级生命健康产业创新示范区,康养产业优势凸显。

1.2 秦皇岛市气候特征及康养条件

按照"中国自然区划"气候分类,秦皇岛属于暖温带半湿润大陆性季风型气候,受海洋影响,气候温和。四季分明,春季少雨干燥、夏季温热无酷暑、秋季凉爽多晴天、冬季无严寒。年平均气温 11.1 ℃,无霜期年平均 200 d 以上,年平均降水量 602.3 mm,年平均日照时数2536.0 h,气候优势、资源优势显著。

1.2.1　冬无严寒,夏无酷暑,日照充足,气候条件适宜康养

秦皇岛冬季没有严寒,表 1.1 为 1971—2000 年秦皇岛基本气候资料(5 个国家级气象观测站资料统计得出),显示全市 1 月月平均气温最低,为 −4.8 ℃,极端最低气温为 −20.8 ℃,冬无严寒。图 1.1 是京津冀主要城市及秦皇岛周边城市夏季平均气温和极端最高气温对比图,可以看出,夏季(6—8 月)秦皇岛没有酷暑,平均气温为 23.6 ℃,分别比北京、天津偏低 2.5 ℃、2.4 ℃,极端最高气温 39.2 ℃ 也低于周边地区;高温日数平均为 1 d,分别比北京、天津偏少 8 d、7 d。夏季气温较周边偏低是旅游旺季期间康养旅游人数剧增的主要因素之一。

表 1.1　秦皇岛基本气候情况(据 1971—2000 年资料统计)

名称	1 月	2 月	3 月	4 月	5 月	6 月	7 月	8 月	9 月	10 月	11 月	12 月
平均气温(℃)	−4.8	−2.4	3.5	11.2	17.3	21.6	24.7	24.7	20.2	13.1	4.6	−1.8
平均最高气温(℃)	0.1	2.6	8.4	16.1	22.1	25.7	28.1	28.5	25.2	18.4	9.7	2.9
极端最高气温(℃)	11.5	18.3	21.8	31.6	37.1	38.4	39.2	35.1	33.6	29.4	21.6	14.0
平均最低气温(℃)	−8.8	−6.3	−0.5	6.9	13.1	18.0	21.7	21.0	15.6	8.4	0.5	−5.6
极端最低气温(℃)	−20.8	−17.0	−12.5	−5.0	3.0	9.9	14.3	13.1	4.4	−2.8	−11.8	−16.4
平均降水量(mm)	3.0	3.0	9.4	24.1	55.2	102.2	189.7	152.3	51.0	28.6	10.7	5.0
降水天数(d)	2.1	2.2	3.3	5.1	7.3	10.6	12.8	9.9	7.1	4.6	3.3	1.7
平均风速(m/s)	2.4	2.5	2.8	3.1	3.0	2.4	2.2	2.1	2.2	2.4	2.5	2.4

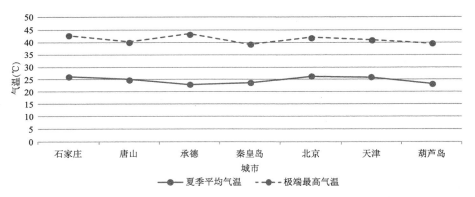

图 1.1　京津冀主要城市及秦皇岛周边城市夏季平均气温及极端最高气温对比

秦皇岛南临渤海,图 1.2 是秦皇岛(6—9 月)白天与夜间风向玫瑰图,可见白天主导风向为南到东南风,夜间主导风向为西到西北风,与秦皇岛西南—东北向海岸线垂直,海陆风明显,形成了旅游旺季白天不热、晚上不冷的理想气候。夏季白天海边吹海风,凉风习习,适宜旅游避暑,夜间吹陆风,凉爽舒适,保证良好睡眠。

1.2.2　空气质量优良,林木覆盖率高,负氧离子含量高,资源条件适宜康养

秦皇岛全年呈现舒适至冷凉的特征,适合康养旅游时间较长,集海上休闲、滨海度假、森林康养、红酒养生、历史文化、美丽乡村等多种业态,特别是旅游旺季 6—9 月,是避暑胜地,此时无霾天气发生。2020 年秦皇岛空气质量优良天数达到 297 d,秦皇岛共拥有海岸线 162.7 km,

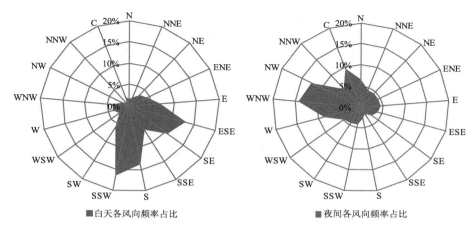

图 1.2 秦皇岛白天和夜间风向频率玫瑰图

林木覆盖率达到 60%,在海洋和森林的双重作用下,沿海地区负氧离子丰富,北戴河海滨素有"天然氧吧"之美誉。

1.2.3 林果品质优良,海洋食品丰富,特色美食条件适合康养

秦皇岛位于北纬 39°24′—40°37′、东经 118°33′—119°51′,其纬度处于适宜酿酒葡萄生长的黄金种植带,与享誉世界的葡萄酒产地法国波尔多处于同一纬度,是葡萄黄金种植地带。主要产区昌黎、卢龙两县的气候和土壤条件优越,日照充足,气温、降水适宜,同时拥有环山的独特地形地貌,特别适宜葡萄生长。以葡萄主产区昌黎为例,昌黎年平均气温 11.7 ℃,年平均风速 2.7 m/s,无霜期 199 d,年总日照时数 2899.8 h,≥10 ℃有效积温 4171.9 ℃·d,年平均降水量 602.9 mm,平均相对湿度 60%。4—9 月平均气温 20.8 ℃,气候条件非常适宜葡萄生长。除葡萄外,受适宜气候的影响,山海关大樱桃、青龙板栗等水果均品质优良,又因处于海边,秦皇岛是沿海零距离城市,海产品丰富,特色美食资源丰富,适于康养。

1.3 秦皇岛康养气象需求及国内外研究现状

1.3.1 康养气象需求

随着我国社会经济快速发展以及老龄化社会的快速到来,涵盖养老、养生、医疗、郊游等诸多业态的康养产业发展迅速,现代生活方式和社会发展需求对人居环境气候的舒适性、康养与生活气象指数、疾病与气象条件的关系研究都有了较大的需求。秦皇岛地处华北地区、河北省东北部,北依燕山,南临渤海,气候温和,旅游康养资源丰富。"秦皇岛北戴河国际健康城"项目被联合国项目事务署授予"亚太生命健康产业创新示范区",成功申报了国家级"北戴河生命健康产业创新示范区",并举办了两届中国康养产业发展论坛,对康养、医疗气象服务有着迫切的需求。

1.3.2   国内外康养气象研究进展

1. 气候舒适度研究

气候舒适度是评价健康人群在无须借助任何防寒、避暑装备和设施情况下对气温、湿度、风速等气候因子感觉适宜程度的气象指标，Terjung(1966)提出了气候舒适性指数的概念，Oliver(1973)进一步探讨了气象要素对人体舒适感觉的影响。国内相关研究最初是引入国外方法，之后郑衡宇(2009)、吴兑(2003)、陈桂标(2000)进行了多种舒适度计算公式的探讨。很多学者利用舒适度计算公式，进行了多个城市的舒适度研究，指出京津冀地区舒适度与高程和纬度变化存在负相关(孙广禄 等，2011)；浙江省沿海和内陆、浙南和浙北气候适宜度各不相同(肖晶晶 等，2017)；河南省春、秋季气候舒适度的年际变化同温度呈显著正相关、夏季呈显著负相关(李树岩 等，2007)；气候变化使得甘肃的舒适日数增加，表现为冷到舒适的平均舒适度水平(贾海源 等，2010)；北京城郊气候舒适度存在明显的年际变化和空间变化的差异性(房小怡 等，2015)；武汉城市圈 9 个城市舒适度指数均呈一致的增加趋势(金琪 等，2017)。研究表明，不同地区气候舒适度状况和变化各有不同，进行本地气候舒适度研究以满足日益提高的气象服务需求很有必要，本书对秦皇岛地区气候舒适度研究进行了分析。

2. 康养与生活气象指数研究

气象指数预报是根据公众普遍关心的问题和各行各业对气象敏感度的不同要求，对多种气象要素进行计算而得出的量化的预测指标。分为生活和行业两大类预报。生活气象指数是指根据不同生活情况与气象的联系所表示出的相互关系，更加贴近老百姓的生活工作需要。很多学者分别就感冒、着装、中暑、晨练、霉变、郊游、火险等生活气象指数进行了研究(韩世刚 等，2010；严明良 等，2008；周雅清 等，2007；严明良 等，2005；郭菊馨 等，2005；沈树勤 等，2003；龙余良 等，2002)，研究成果为国内很多省市气象部门开展的气象指数预报服务提供了技术支撑。但是由于地域、海拔、气候差异等问题，不同地区之间生活气象指数不能简单照搬，尤其是对沿海城市，生活气象指数的研究还可以在内容上更丰富，更具有沿海特色，以满足沿海城市的气象服务需求。考虑到百姓需求及秦皇岛的气候和地理特征，本书将生活气象指数扩展为康养与生活气象指数，特别是对与沿海居民生活息息相关的康养与生活气象指数的设计及等级划分进行了阐述，包括康养气象指数、户外游泳气象指数、休闲出游气象指数、海上观光气象指数、海钓气象指数、户外锻炼气象指数、蓝天气象指数、日出观赏气象指数等。

3. 医疗气象指数研究

随着社会的发展、现代化水平以及人民生活水平的不断提高，人类生活节奏加快以及饮食结构改变等不良影响，很多严重威胁人类身体健康甚至生命危险的疾病的发生率不断升高。呼吸系统疾病以其高发病率、心脑血管疾病以其高死亡率越来越引起人们的关注和重视，这两大疾病严重影响着人们的身体健康，严重的甚至会夺去人们的生命。中国卫生健康统计年鉴(2019)报告，2019 年我国城市居民主要疾病死亡率中，心脏病、脑血管病、呼吸系统疾病的死亡率已位居恶性肿瘤之后的第二、三、四名。心脑血管疾病是心血管疾病和脑血管疾病的统称，习惯称心血管疾病，又称循环系统疾病，泛指由于高血脂症、血液黏稠、动脉粥样硬化和高血压所导致的心脏、大脑及全身组织发生缺血性或出血性疾病的统称，包括心脏病、血管疾病及脑血管疾病等，根据国际疾病分类(ICD-10)，脑血管疾病编码为 I00～I99；呼吸系统疾病有感冒、肺炎、哮喘、肺结核等,呼吸系统疾病编码为 J00~J99。

　　气象要素对人体的影响是通过皮肤、呼吸系统、感觉系统等神经感受器,下丘脑、植物神经及内分泌腺等来实现的。随着气象要素的变化,通过植物神经调节,也会造成人体生理机能发生一系列变化,天气变化剧烈时,人体的生理机能不能迅速调整而发生功能障碍,会导致人体生病,或引发疾病复发或加重(张书余,2010)。气象要素变化是多种呼吸系统疾病、心脑血管疾病发生的病因和急性发作的诱因之一,很多学者都针对气象条件对呼吸系统疾病、心脑血管疾病开展过研究,马守存等(2011)对气象条件对心脑血管疾病的影响研究进展进行了总结,指出冷锋、冷高压、暖锋、副热带高压、台风、焚风等天气系统对心脑血管疾病均有影响;岳海燕等(2009)对呼吸系统和心脑血管与气象条件关系的研究进展进行了归纳;杨宏青等(2001)研究了呼吸道和心脑血管疾病与气象条件的关系并建立了天气模型。国外研究发现,纽约市气温超过 28.9 ℃时,气温每升高 1 ℃,呼吸疾病患者增加 2.1%~2.7%(Lin et al.,2009);伦敦地区气温超过阈值时,每升高 1 ℃,就医人数上升 5.4%,且存在 0~2 d 的滞后期(Kovats et al.,2004)。近年来,国内学者关于气温对儿童呼吸系统疾病的影响研究取得了一定成果,张书余等(2012)研究发现,气象环境对不同人群感冒发病的影响不同,白山市成人对气温变化的适应能力强,高温和低温环境条件对儿童影响明显;王金玉等(2019)研究表明,兰州市 6~14 岁儿童是流感发病敏感人群,低温可增加发病风险;付桂琴等(2017)研究显示,石家庄地区 0~6 岁的婴幼儿哮喘受寒冷影响更明显,7~14 岁少儿哮喘对炎热反应敏感。研究表明,呼吸系统疾病、心脑血管疾病的发生、加重与气象条件具有相关性。谢静芳等(2001)指出,国外的一些研究表明,在具有不同气候和天气变化特点的地区,即使是同一类疾病,产生影响的主要气象条件也是有差异的。由于各地天气气候不同,对疾病的影响也不尽相同,本书就秦皇岛气象条件对呼吸系统疾病、心脑血管疾病的影响进行了阐述。

第 2 章　秦皇岛市气候舒适度

2.1　气候舒适度

2.1.1　气候舒适度评价方法

　　利用秦皇岛市 5 个国家地面气象观测站 1966 年 3 月至 2016 年 2 月的逐日常规地面气象观测资料,包括气温、相对湿度、风速、日最高气温和日最低气温 5 个气象要素,利用李源等(2000)提出的舒适度计算评价方法,在逐日气候舒适度指数的计算基础上统计了以下要素:各月平均气候舒适度指数的 53 a 平均值、夏季和冬季气候舒适度指数的 53 a 平均值、每年气候舒适度达到"热"及以上等级的天数和达到"寒冷"等级的天数。采用线性趋势法、累计距平等方法进行变化趋势分析,给出气候舒适度的年代变化。舒适度气候平均值以 1981—2010 年共 30 a 均值为基准。

　　气候舒适度评价的方案和专项指标有很多,如温湿指数、风寒指数、着衣指数等,从影响气候舒适度最主要的 3 个要素出发,根据本地气候特征对各方法进行比较,结果表明李源等(2000)提出的舒适度计算方法更贴近本地民众对环境气候舒适度的真实感受。考虑到李源的研究区域武汉市与本研究区域的地理及气候差异,对公式中最高气温的阈值进行了调整,以更加适合秦皇岛。具体公式为:

$$K=\begin{cases} T+\dfrac{9.0}{T_{max}-T_{min}}+\dfrac{RH-50.0}{15.0}-\dfrac{V-2.5}{3.0} & T_{max}\geqslant32 \\[2mm] T+\dfrac{RH-50.0}{15.0}-\dfrac{V-2.5}{3.0} & 11\leqslant T_{max}<32 \\[2mm] T-\dfrac{RH-50.0}{15.0}-\dfrac{V-2.5}{3.0} & T_{max}<11 \end{cases} \tag{2.1}$$

式中:K 为气候舒适度气象指数,T 为平均气温(℃),T_{max} 为最高气温(℃),T_{min} 为最低气温(℃),RH 为平均相对湿度(%),V 为平均风速(m/s)。

2.1.2　气候舒适度等级划分

　　舒适度气象指数由低到高划分为 11 个级别(表 2.1),分别对应相应的热感觉感受状态。等级的绝对值越大,则人感觉越不舒适;越小,则人感觉越舒适。

表 2.1　舒适度气象指数等级划分标准

等级	指数范围	热感觉感受
5	$K \geqslant 41$	热感觉定为极端热,极不舒适
4	$37 \leqslant K < 41$	热感觉定为酷热,很不舒适
3	$34 \leqslant K < 37$	热感觉定为炎热,不舒适
2	$30 \leqslant K < 34$	热感觉定为热,较不舒适
1	$26 \leqslant K < 30$	热感觉定为微热,较舒适
0	$20 \leqslant K < 26$	热感觉定为温和,舒适
−1	$13 \leqslant K < 20$	热感觉定为凉,较舒适
−2	$5 \leqslant K < 13$	热感觉定为微冷,较不舒适
−3	$1 \leqslant K < 5$	热感觉定为冷,不舒适
−4	$-5 \leqslant K < 1$	热感觉定为很冷,很不舒适
−5	$K < -5$	热感觉定为寒冷,极不舒适

2.2　秦皇岛市气候舒适度特征

2.2.1　各地各级别分布特征

　　按照式(2.1)和表 2.1,统计 1966—2018 年秦皇岛、青龙、卢龙、抚宁和昌黎 5 个观测站点逐日舒适度指数,按照舒适度指数从"寒冷"至"极端热"11 个等级统计 5 个观测站各级别出现日数,结果见图 2.1。从图 2.1 可见,秦皇岛地区气候舒适度指数整体以偏低为主,各级别分布主要集中在"寒冷"至"微热"级别。其中各地"温和"舒适日数约占总体的 20%;"微热"和"凉爽"级别较舒适日数占总体的 26%～29%;不太舒适级别主要以"微冷"等级为主,占总体的 14%～15%;"热"不舒适日数不足 1%;"冷"不舒适日数占总体的 34%～37%。总体来说,表明秦皇岛地区约有一半的日数是舒适或较舒适的,约有 1/3 的日数是冷不舒适的,3～5 级炎热及以上级别的日数极少(不足 1%),气候舒适度整体呈现舒适至冷凉的特征。因此,秦皇岛夏季炎热以上的气候舒适度日数极少的特征是秦皇岛作为北方避暑胜地的主要原因。

2.2.2　月分布特征

　　表 2.2 是 1966—2018 年各月气候舒适度历年平均状况,能够比较直观地看出近 53 a 平均舒适期的长度。由表 2.2 可见,5—10 月除青龙外,各地气候舒适度主要在"−1"至"1"级之间,是气候舒适和较舒适的时间段,青龙舒适期偏少 1 个月;7 月、8 月两个月以"1"级为主,无酷暑状态;3 月、4 月和 11 月在"−3"至"−2"级之间,气候微冷或冷不舒适,此时秦皇岛地区降水偏少,日照充足,采取适当的保暖措施后也比较舒适,除青龙外,由 10 月进入 11 月,各地舒适度由"−1"直接降至"−3"级,表明该区域秋季舒适度指数下降梯度大,变冷速度快;12 月到次年 2 月在"−5"至"−4"级之间,气候寒冷不舒适,"−5"级持续时间为青龙两个月,秦皇岛、抚宁、卢龙各 1 个月,昌黎月平均气候舒适度指数未达"−5"级。

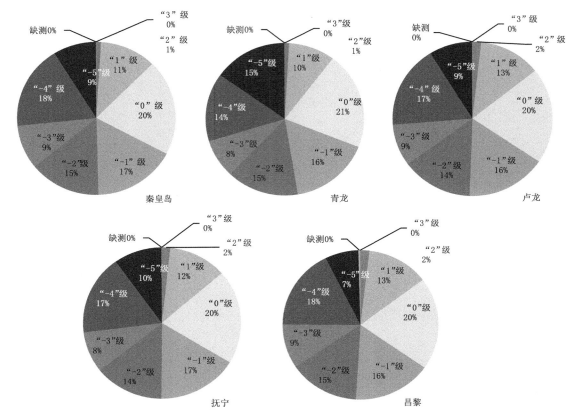

图 2.1 1966—2018 年秦皇岛各地气候舒适度指数各级别日数占比

表 2.2 1966—2018 年秦皇岛地区月平均气候舒适度等级

月份	1	2	3	4	5	6	7	8	9	10	11	12
秦皇岛	−5	−4	−3	−2	−1	0	1	1	0	−1	−3	−4
昌黎	−4	−4	−3	−2	−1	0	1	1	0	−1	−3	−4
抚宁	−5	−4	−3	−2	−1	0	1	1	0	−1	−3	−4
卢龙	−5	−4	−3	−2	−1	0	1	1	0	−1	−3	−4
青龙	−5	−4	−3	−2	−1	0	1	0	−1	−2	−3	−5

图 2.2 是秦皇岛各地历年月平均气候舒适度指数分布曲线，由图可见，秦、昌、抚、卢地区各月气候舒适度基本一致，而青龙从 9 月开始到次年 1 月，气候舒适度明显低于其他地区，气候偏冷，这与青龙海拔较高、受海陆风影响不大的地形和地理位置有关。

2.2.3 年代际变化特征

1. 夏季气候舒适度指数变化特征

根据 1966—2018 年秦皇岛地区月平均气候舒适度等级分布特征（表 2.2），7 月、8 月两个月是一年中最热的月份，舒适度指数多为"1"级，与其相比 6 月偏低一个等级，7 月和 8 月两个

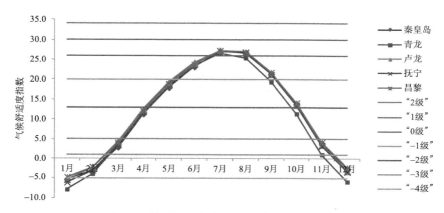

图 2.2　月平均气候舒适度指数分布（见彩图）

月的平均状况更能反映夏季天气炎热对人们舒适程度的影响，因此，本章以 7 月、8 月两个月舒适度指数平均值代表夏季进行夏季舒适度变化特征分析。

　　由秦皇岛地区近 53 a 夏季气候舒适度的累积距平曲线（图 2.3）可见，各地夏季气候舒适度的变化趋势一致，其变化可以分为 3 个阶段。20 世纪 90 年代之前曲线趋势稳定下降，舒适度指数处于持续偏低阶段；进入 90 年代之后，曲线波动性大，说明此阶段气候舒适度变化不稳定；进入 21 世纪曲线总体趋势变化小，该阶段气候舒适度变化幅度不大，但是近 3 a 曲线跃升，表明夏季持续变热。

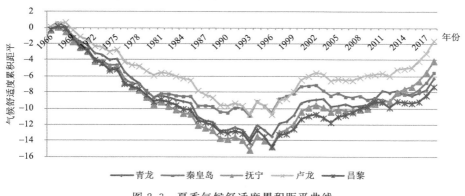

图 2.3　夏季气候舒适度累积距平曲线

　　图 2.4 是近 53 a 青龙夏季平均气温和各地夏季平均舒适度指数变化曲线，分析由累积距平曲线判断的 3 个变化持续阶段可见，20 世纪 90 年代之前气温呈平稳偏低状态，此时舒适度指数普遍偏低，是近 53 a 来夏季相对较为凉爽的时期；进入 90 年代之后，气温和舒适度指数的年际震荡明显增加，凉、热夏季间隔出现；到了 21 世纪初，气温处于持续偏高阶段，相应的各地舒适度指数呈小幅震荡偏高状态，2015—2018 年各区域舒适度指数跃升，夏季增热显著。气温和舒适度指数变化曲线均呈上升趋势，通过了 0.05 的显著性检验，气温增长率为 0.28 ℃/10 a，各区域舒适度指数增长率在 0.22/10 a～0.29/10 a，二者变暖程度大致相同，呈显著正相关，说明气温是影响舒适度指数的主要因素。气温值低于舒适度指数值，是由于夏季平均相对湿度为 80%，表明在气温较高时，相对湿度偏高会增大人体不舒适的感觉程度，相对

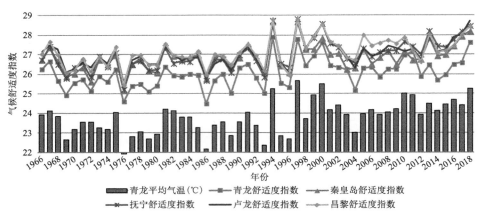

图 2.4　夏季气候舒适度指数年变化

湿度是影响夏季气候舒适度的重要因素。

2. 冬季气候舒适度指数变化特征

由表 2.2 可见,12 月至次年 2 月是一年中最冷的时段,平均气候舒适度指数达"很冷"至"寒冷"标准,与气象学上对冬季的定义相一致。图 2.5 是近 53 a 青龙冬季平均气温和各地冬季平均舒适度指数变化曲线,同样可由冬季舒适度指数累积距平曲线(图 2.6)判断出 3 个变化持续阶段。1966—1987 年,气温和舒适度指数整体偏低,是近 53 a 来冬季持续寒冷的时期;1988—1998 年,气温明显升高,变化稳定,舒适度指数也呈偏高态势,是冬季较为温暖的年代;1999—2018 年,气温呈高低震荡变化,舒适度指数波动性也明显增大,各区域舒适度以准 3 a 的周期在"−4"至"−5"等级间进行相对而言的冷暖年震荡。气温和舒适度指数变化曲线均呈上升趋势,通过了 0.05 的显著性检验,气温增长率为 0.52 ℃/10 a,各区域舒适度指数增长率在 0.37/10 a～0.72/10 a,上升幅度均大于夏季,表明冬季增暖趋势大于夏季。与夏季不同的是,气温值与舒适度指数值基本吻合,经分析发现,冬季平均相对湿度为 51%,由式(2.1)可见,对舒适度指数影响不大,因此,气温是影响冬季气候舒适度的最主要因素。

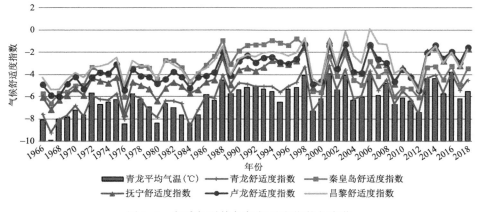

图 2.5　冬季年平均气候舒适度指数年变化

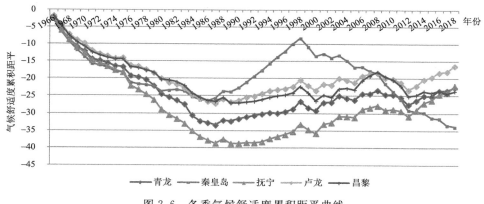

图 2.6　冬季气候舒适度累积距平曲线

3. 热不舒适日数的年代际变化

秦皇岛市是著名的旅游避暑城市,热不舒适日数的多少备受关注。由近 53 a 热不舒适日数累积距平曲线图(图 2.7)可知,热不舒适日数变化可以分为 3 个阶段。1966—1993 年曲线基本保持下降趋势,这一时期热不舒适日数偏少;1994—2000 年,累积距平曲线呈波动性上升,热不舒适日数逐渐增多;2001—2015 年,累积距平曲线总体呈较平稳状态,热不舒适日数变化不大;近 3 a 曲线上升,热不舒适日数明显增多。

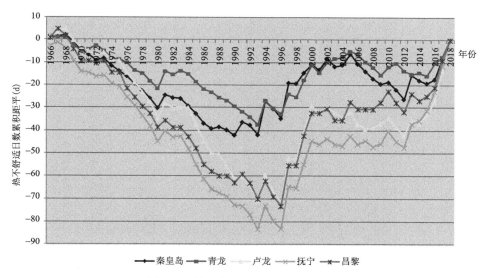

图 2.7　热不舒适日数累积距平曲线

表 2.3 给出了近 53 a 各地热不舒适日数的年代际变化统计结果。显示 20 世纪 90 年代前热不舒适日数平均为 3.7 d/a,90 年代开始激增且持续偏多,平均为 7.7 d/a,变化趋势为显著增多态势。整体看来,北部山区、中部平原和东南沿海热不舒适日数之比为 1.0∶1.9∶2.1,热不舒适日数随着测站高程和纬度的降低而增多。

表 2.3　热不舒适日数

年份	青龙			抚宁			昌黎		
	平均值	最大值	最小值	平均值	最大值	最小值	平均值	最大值	最小值
1966—1970	2.4 d	5 d	0 d	3.8 d	8 d	1 d	5.2 d	11 d	1 d
1971—1980	1.7 d	5 d	0 d	3.5 d	7 d	0 d	4.3 d	8 d	1 d
1981—1990	2.6 d	11 d	0 d	3.8 d	11 d	0 d	4.6 d	10 d	0 d
1991—2000	5.2 d	14 d	0 d	9.4 d	25 d	0 d	10.1 d	25 d	0 d
2001—2010	3.3 d	8 d	0 d	7.0 d	11 d	3 d	8.0 d	15 d	2 d
2011—2018	4.9 d	11 d	0 d	11.6 d	18 d	2 d	9.9 d	19 d	2 d

年份	秦皇岛			卢龙			全市		
	平均值	最大值	最小值	平均值	最大值	最小值	平均值	最大值	最小值
1966—1970	3.4 d	5 d	1 d	6.6 d	9 d	2 d	4.3 d	11 d	0 d
1971—1980	1.7 d	5 d	0 d	4.2 d	9 d	0 d	3.1 d	9 d	0 d
1981—1990	3.1 d	10 d	0 d	4.7 d	14 d	0 d	3.8 d	14 d	0 d
1991—2000	7.4 d	20 d	0 d	10.5 d	27 d	0 d	8.5 d	27 d	0 d
2001—2010	3.5 d	9 d	0 d	6.8 d	10 d	2 d	5.7 d	15 d	0 d
2011—2018	6.6 d	15 d	0 d	11.6 d	21 d	3 d	8.9 d	21 d	0 d

4. 寒冷日数的年代际变化

冬季气候舒适度达到"寒冷"等级日数的多少直接影响人们对冷暖冬的直观感觉。由近53 a 寒冷极不舒适日数累积距平曲线(图 2.8)可知,冬季气候舒适度达"寒冷"等级日数的变化情况大致可分为 4 个阶段:1966—1971 年,"寒冷"等级的日数持续、快速增加;1972—1987年呈缓慢增加趋势;1988—2009 年呈震荡下降趋势;2010—2018 年曲线先升再降,寒冷日数变化较大。

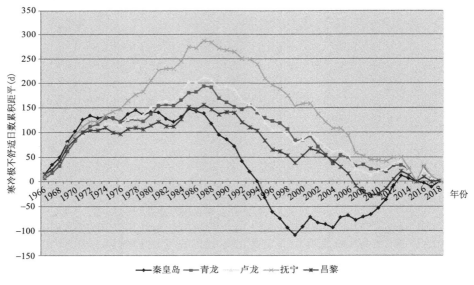

图 2.8　寒冷极不舒适日数累积距平曲线

根据各地气候舒适度达到"−5"级的寒冷极不舒适日数年代际统计结果(表 2.4)可见:20世纪 60 年代中后期寒冷日数最多,其后基本呈逐年代减少态势。整体上看,随着气候变暖,近53 a 寒冷极不舒适日数减少趋势明显,提高了冬季舒适程度。

表 2.4　寒冷极不舒适日数

年份	青龙			抚宁			昌黎		
	平均值	最大值	最小值	平均值	最大值	最小值	平均值	最大值	最小值
1966—1970	72.8 d	86 d	63 d	56.2 d	72 d	47 d	43.6 d	56 d	35 d
1971—1980	61.7 d	74 d	48 d	48.4 d	61 d	37 d	29.6 d	40 d	16 d
1981—1990	58.6 d	73 d	34 d	43.6 d	67 d	25 d	29.3 d	51 d	16 d
1991—2000	48.6 d	65 d	33 d	26.3 d	43 d	8 d	17.5 d	41 d	6 d
2001—2010	50.1 d	74 d	34 d	25.8 d	38 d	2 d	18.4 d	41 d	1 d
2011—2018	49.1 d	69 d	30 d	24.8 d	45 d	10 d	18.0 d	45 d	13 d

年份	秦皇岛			卢龙			全市		
	平均值	最大值	最小值	平均值	最大值	最小值	平均值	最大值	最小值
1966—1970	52.4 d	63 d	47 d	49.4 d	68 d	41 d	54.9 d	86 d	35 d
1971—1980	36.0 d	56 d	23 d	38.6 d	48 d	30 d	42.9 d	74 d	16 d
1981—1990	26.4 d	48 d	9 d	36.5 d	55 d	17 d	38.9 d	73 d	9 d
1991—2000	14.2 d	49 d	0 d	21.3 d	41 d	9 d	25.6 d	65 d	0 d
2001—2010	35.8 d	53 d	20 d	25.6 d	43 d	3 d	31.1 d	74 d	1 d
2011—2018	39.4 d	60 d	24 d	24.1 d	45 d	9 d	31.1 d	69 d	9 d

2.2.4　不舒适日数的空间差异

以上研究表明,气候舒适度与气温、相对湿度、风速等气象要素有关,而这些要素又受到地理位置、地形等影响。秦皇岛地处河北省东北部,北纬 39°24′—40°37′、东经 118°33′—119°51′,南北长约 130 km,东西宽约 100 km,北依燕山,南临渤海,地势北高南低。北部山区位于秦皇岛市青龙满族自治县境内,海拔在 1000 m 以上的山峰有 4 座。低山丘陵区主要为北部的山间丘陵区,海拔一般在 100～200 m,集中分布于卢龙县和抚宁区。山间盆地区位于秦皇岛市西北和北部区域的抚宁、燕河营、柳江三处较大盆地。冲积平原区主要在海拔 0～20 m区域,分布在抚宁区和昌黎县。沿海区主要分布在城市四区和昌黎县。全市海拔 200～1000 m的中低山面积占 60.3%,50～200 m 的丘陵面积占 20.6%,50 m 以下的平原和滨海低地面积占 19.1%。

不同的地形和地理位置导致秦皇岛各地不舒适天数各异。由于区域站气象数据时间序列短或缺测,且 2018 年气象条件与 30 a(1980—2010 年)标准同期值较为接近等原因,故以 2018年为例,分析不舒适日数的空间差异性。

图 2.9 为秦皇岛各地热不舒适日数的空间分布,2018 年内热不舒适日数大于 20 d 的范围位于西南部地区,15 d 以下地区为青龙及沿海区,少于 10 d 的区域主要为高海拔和深入海区的陆地部分。这是由于舒适度与纬度和高程呈反比,而夏季沿海区受海陆风影响,气温偏低,导致舒适度值偏低。

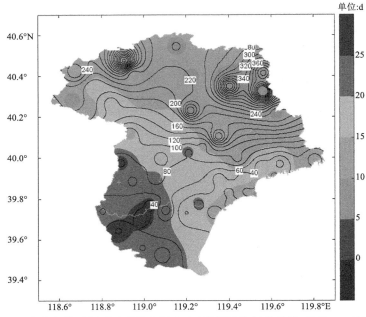

图 2.9　秦皇岛热不舒适日数的空间分布（等值线为海拔高度，单位：m，见彩图）

　　图 2.10 为秦皇岛各地寒冷极不舒适日数的空间分布，日数与海拔高度等值线基本吻合。2018 年寒冷极不舒适日数大于 60 d 的范围位于北部高海拔山区，寒冷日数由北向南逐步递减，南部及沿海区少于 35 d。夏季热不舒适日数偏多的西南部冷不舒适日数相对较少，而寒冷极不舒适日数最少的地区主要集中在沿海地区。两张图对比可见，沿海地区呈冬暖夏凉的理想气候特征。

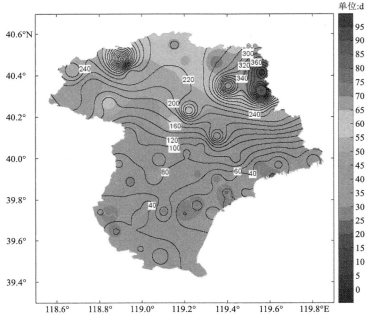

图 2.10　秦皇岛寒冷极不舒适日数的空间分布（等值线为海拔高度，单位：m，见彩图）

第 3 章　秦皇岛康养与生活气象指数

气象指数的设计是依据气象要素的敏感性和依从性,将各种气象要素进行综合的结果,以不同的数学或统计函数来表征(严明良 等,2005)。不同的气象指数函数有不同的表达方式,通常的表达形式为:

$$S_p = f(x_1, x_2, x_3, \cdots, x_n) \tag{3.1}$$

式中,S_p 为气象指数,特征要素$(x_1, x_2, x_3, \cdots, x_n)$是能够反映对气象指数较强敏感性和依从性的敏感因子,依据这些特征要素设计不同的气象指数,既是统计函数,也可用线性或非线性数学式来表示(沈树勤,2003)。

由于在同一天气气候条件下,不同的人在感觉上会有差异,导致生活类气象指数的预报难以量化,因此,生活类气象指数预报主要是定性的,是根据大多数人的感觉,总结出一些经验公式,最终的预报结果一般以指数等级的形式向公众发布。秦皇岛地处滨海,气候条件适合康养,本章将生活气象指数拓展为康养与生活气象指数,运用数理统计法、经验模式法、因子加权法、概念模型法和气象指数延伸法等技术方法,基于安全与舒适的角度,进行康养与生活气象指数预报公式设计和等级划分。秦皇岛市为著名沿海避暑旅游城市,通过访谈、小型研讨会等方式,对多种康养与生活气象指数进行了"百姓关注度"调查,调查对象以常住居民和旅游者为主。统计反馈信息,基于"百姓关注度较高"和"与百姓康养与基本生活密切相关及具有沿海城市特色"两项原则,本章选取了户外游泳气象指数、康养气象指数、休闲出游气象指数、海上观光气象指数、海钓气象指数、蓝天气象指数、户外锻炼气象指数和日出观赏气象指数进行公式设计和指数分级研究结果。

3.1　康养与生活气象指数的设计

3.1.1　康养与生活气象指数特征要素的选择

通常采用调查法、文献法、资料反查法和数理统计等方法,找出对康养与生活气象指数敏感性和依从性最大的影响因子。以户外游泳气象指数为例,首先对户外游泳者进行户外游泳气象条件适宜度调查,调查对象包括常住居民、旅游者和相关工作管理人员,调查内容主要包括将户外游泳适宜情况分为气象条件优非常适宜游泳、气象条件良适宜游泳、气象条件一般基本适宜游泳和气象条件差不适宜游泳 4 个等级,请调查对象予以评判,同时给出影响等级评判结果的主要因素。统计分析调查结果,得出水温、气温、晴雨、大风、灾害性天气等因素为主要影响因素。将上述因素归纳为水温、气温、天气和风力 4 项影响因子,得出户外游泳气象指数的函数表达式,见公式(3.2)。同理,采用上述方法,选择相关的调查对象,对影响各指数的气

象条件进行影响因子选择,得出各指数的特征要素函数表达式如下:

$$S_{p(户外游泳气象指数)} = f(x_{1(水温)}, x_{2(气温)}, x_{3(天气现象)}, x_{4(风力)}) \qquad (3.2)$$

$$S_{p(海钓气象指数)} = f(x_{1(赤潮)}, x_{2(浪高)}, x_{3(天气现象)}, x_{4(气温)}, x_{5(风力)}) \qquad (3.3)$$

$$S_{p(康养气象指数)} = f(x_{1(气候舒适度指数)}, x_{2(空气质量指数)}, x_{3(大气负氧离子浓度)}, x_{4(户外锻炼气象指数)}) \qquad (3.4)$$

$$S_{p(休闲出游气象指数)} = f(x_{1(气温)}, x_{2(相对湿度)}, x_{3(降水量)}, x_{4(风力)}, x_{5(修正指数)}) \qquad (3.5)$$

$$S_{p(海上观光气象指数)} = f(x_{1(赤潮)}, x_{2(浪高)}, x_{3(天气现象)}, x_{4(气温)}, x_{5(风力)}, x_{6(能见度)}) \qquad (3.6)$$

$$S_{p(户外锻炼气象指数)} = f(x_{1(降水)}, x_{2(气温)}, x_{3(相对湿度)}, x_{4(风力)}, x_{5(能见度)}) \qquad (3.7)$$

$$S_{p(蓝天气象指数)} = f(x_{1(云量)}, x_{2(能见度)}, x_{3(空气质量指数)}) \qquad (3.8)$$

$$S_{p(日出观赏气象指数)} = f(x_{1(天气现象)}, x_{2(云量)}, x_{3(相对湿度)}, x_{4(户外能见度)}, x_{5(空气质量)}) \qquad (3.9)$$

总结归纳以上气象指数的影响因子,可分为以气温、相对湿度、风力、天气现象、能见度、云量等为主的天气状况,以水温、赤潮、浪高等为主的海水状况,以及以空气质量指数、大气负氧离子浓度为主的环境状况3个方面。

3.1.2   特征要素类别的确定

在特征要素适宜性分类方面,按照掌握合适的"度"的原则,太少的分级较粗略,不能体现差异性,比较多而相近的分级容易使人迷惑,进而无所适从,因此,户外游泳气象指数、海钓气象指数、海上观光气象指数、蓝天气象指数、户外锻炼气象指数、日出观赏气象指数的相关特征要素采用三级分类法,分为一类、二类和三类,分别赋值为2、1、0,而康养气象指数、休闲出游气象指数对环境气象条件要求相对较高,故其相关特征要素采用五级分类法,分为一类、二类、三类、四类和五类,分别赋值为4、3、2、1、0。

3.1.3   特征要素阈值的确定

根据各指数不同适宜等级的调查结果,反查各特征要素历史资料,运用数理统计方法,找出各要素不同类别的大致阈值,同时参考相关文献和相关标准、规定、规范等,初步确定特征要素阈值,而后进行现场试验,根据现场试验反馈结果进行阈值修正,最终得出特征要素阈值。其中,户外游泳气象指数、海钓气象指数和海上观光气象指数中,水温要素阈值参考了我国住房和城乡建设部《游泳池给水排水工程技术规程》(2009)、世界卫生组织关于《安全休闲水环境指南》(2003))相关内容以及李占海等(2000)、Leatherman(1997)的研究结论;天气现象、气温、风力、能见度和赤潮、浪高等要素参考了《海水浴场环境监测与评价技术规程(试行)》(2015)和《滨海旅游度假区环境评价指南》(2010)中的相关标准,蓝天气象指数中空气质量指数的阈值参考了《环境空气质量指数技术规定》(2012),同时,风力的阈值还参考了《河北省灾害性天气预警信号与防御指南》(2016)。另外,研究表明,高温高湿和寒冷刺激可诱发心脑血管疾病,风与低温结合会使人倍感寒冷,风及风形成的沿岸流将游泳者拽离出发地或驱向深水区等(张书余 等,2010;翁锡全 2004;Short,1996)。因此,各指数阈值的确定都是基于人体"安全、健康和舒适"的角度,要素阈值范围目前是向着"更安全舒适"的方向靠近,虽然减少了"适宜"的条件,但是对普通大众尤其是有健康隐患或年老体弱者的安全健康更为有利。

3.2　康养与生活气象指数公式构建及等级划分

3.2.1　户外游泳气象指数(本指数不适宜冬泳爱好者)

户外游泳气象指数是反映户外水域游泳气象条件适宜程度的气象指标。在大海中畅游是秦皇岛百姓和来秦旅游康养人群娱乐或锻炼身体的主要形式之一,为了更好地帮助人们选择户外游泳时机,分析研究了多种气象条件对户外游泳者身体健康的影响后发现,水温、气温、天气状况和风力等因子相关最显著。综合以上气象条件,制定了户外游泳气象指数计算公式:

$$SWI = S_1 \times S_2 \times S_3 \times S_4 \qquad (3.10)$$

式中:SWI 为户外游泳气象指数;$S_1 \sim S_4$ 分别为水温、气温、天气和风力特征要素的赋值,见表 3.1,选取要素应为游泳区域计算时段内的平均值或最差(赋值最低)值。

表 3.1　户外游泳气象指数特征要素的分类标准及赋值

特征要素	单位	分类赋值		
		一类	二类	三类
水温	℃	≥23	≥20,且<23	<20
气温	℃	≥25	≥20,且<25	<20
天气现象	—	晴、少云、多云、阴	轻雾、小雨	雾、中等强度及以上的降水、雷暴、龙卷风
风力	级	≤3	>3,且<6	≥6
赋值	—	2	1	0

将户外游泳气象指数划分为 4 个等级:SWI=16 时为一级,气象条件优,非常适宜游泳;SWI=8 或 4 时为二级,气象条件良,适宜游泳;SWI=2 或 1 时为三级,气象条件一般,基本适宜游泳;SWI=0 时为四级,气象条件差,不适宜游泳。

3.2.2　休闲出游气象指数

适宜的环境气象条件有利于提高郊游活动的愉悦度。休闲出游气象指数是反映气象条件适宜休闲郊游程度的气象指标,主要影响因素有气温、降水、风速等天气条件,同时考虑到雷电、大雾、强紫外线辐射等灾害性天气和空气污染状况对郊游活动的影响,采用因子组合法,建立计算公式:

$$TMI = 8 \times I_T + 6 \times I_{RH} + 3 \times I_R + 3 \times I_{WF} + I_\omega \qquad (3.11)$$

式中:TMI 为休闲出游气象指数;I_T、I_{RH} 分别为气温指数、相对湿度指数,按照表 3.2 规定赋值;I_R 为降水量指数,按照表 3.3 进行不同统计时段降雨量指数赋值,选取降雨量应为某区域计算时段内的累计值;I_{WF} 为风速指数,按照表 3.4 赋值;I_ω 为灾害性和污染气象条件下 TMI 的修正指数,按照表 3.5 规定,无灾害性和污染气象条件时取 0。公式(3.11)中 8、6、3、3 为权重系数。

表 3.2　休闲出游气象指数气温和相对湿度特征要素分级标准及赋值

特征要素	分级赋值				
气温（℃）	$19 \leqslant T < 25$	$15 \leqslant T < 19$ 或 $25 \leqslant T < 30$	$10 \leqslant T < 15$ 或 $30 \leqslant T < 33$	$5 \leqslant T < 10$ 或 $33 \leqslant T < 34$	$T < 5$ 或 $T \geqslant 34$
相对湿度（%）	$50 \leqslant RH < 60$	$40 < RH \leqslant 50$ 或 $60 \leqslant RH < 70$	$30 < RH \leqslant 40$ 或 $70 \leqslant RH < 80$	$20 < RH \leqslant 30$ 或 $80 \leqslant RH < 90$	$RH \leqslant 20$ 或 $RH \geqslant 90$
IT 及 IRH 赋值	5	4	3	2	1

表 3.3　休闲出游气象指数降雨量标准及赋值

等级	无雨或微量降雨	小雨				中雨	大雨及以上
24 h 降雨量（mm）	$R < 0.1$	$0.1 \leqslant R < 1$	$1 \leqslant R < 3$	$3 \leqslant R < 5$	$5 \leqslant R < 10$	$10 \leqslant R < 25$	$R \geqslant 25$
12 h 降雨量（mm）	$R < 0.1$	$0.1 \leqslant R < 0.5$	$0.5 \leqslant R < 2$	$2 \leqslant R < 3$	$3 \leqslant R < 5$	$5 \leqslant R < 15$	$R \geqslant 15$
1 h 降雨量（mm）	$R < 0.1$	$0.1 \leqslant R < 0.5$	$0.5 \leqslant R < 1$	$1 \leqslant R < 1.5$	$1.5 \leqslant R < 2$	$2 \leqslant R < 4$	$R \geqslant 4$
IR 赋值	5	4	3	2	1	-6	-10

表 3.4　不同温度条件下的风速标准及赋值

风力/级		0～1	1	2	3	4	5	6～7	8～9	10 以上
风速指数 I_{WF}	$11\ ℃ \leqslant T_{max} < 32\ ℃$	2	3	4	5	4	2	0	-6	-10
	$T_{max} \geqslant 32\ ℃$	2	1.5	1	0	-1	-3	-4	-6	-10
	$T_{max} < 11\ ℃$	5	4	4	3	2	1	0	-6	-10

注：T_{max} 为计算时段内的最高气温。

表 3.5　灾害性和污染气象条件下 TMI 修正指数标准及赋值

灾害性和污染气象条件	修正指数				
	$TMI \geqslant 90$	$75 \leqslant TMI < 90$	$50 \leqslant TMI < 75$	$30 \leqslant TMI < 50$	$TMI < 30$
轻度灰霾（$3.0\ km \leqslant V < 5.0\ km$）或轻度污染（$101 \leqslant AQI < 150$）	-30	-20	-10	-5	-5
轻度灾害性天气（弱雷电或大雾 $0.5\ km < V < 1\ km$）或中度灰霾（$2.0\ km \leqslant V < 3.0\ km$）或中度污染（$151 \leqslant AQI < 200$）	-40	-30	-20	-10	-5
中度灾害性天气（中等雷电或大雾 $0.1\ km < V < 0.5\ km$）或重度灰霾（$V < 2.0\ km$）或重度污染（$AQI > 300$）	-60	-45	-30	-15	-5

注：V 为能见度；AQI 为空气质量指数，其计算应符合 HJ633-2012、HJ663-2013 规定。

　　将休闲出游气象指数分为以下 5 个等级：当 TMI≥90 时为一级，表示天气非常好，非常适宜开展郊游活动，尽情投入大自然的怀抱吧；当 75≤TMI<90 时为二级，表示天气条件良好，适宜进行郊游活动，大自然欢迎您；当 50≤TMI<70 时为三级，表示天气条件一般，可能出现少量或短时影响郊游活动的天气，基本适宜开展郊游活动；当 30≤TMI<50 时为四级，表示天气情况不利，有较高的概率出现影响郊游活动的天气，不适宜开展郊游活动；当 TMI<30 时为

五级,表示天气情况恶劣,有非常高的概率出现影响郊游活动的灾害性天气,非常不适宜开展郊游活动,改日再去郊游吧。

3.2.3　海上观光气象指数

作为秦皇岛海上郊游新产品,海上观光游船项目使现有的海岸旅游向海上旅游延伸,打造了亲海旅游新模式。海上观光气象指数以赤潮、浪高、天气现象、气温、风力、能见度 6 项特征要素作为判断因子,建立计算公式为:

$$MS = MS_1 \times MS_2 \times MS_3 \times MS_4 \times MS_5 \times MS_6 \tag{3.12}$$

式中:MS 为海上观光指数;$MS_1 \sim MS_6$ 分别为赤潮、浪高、天气现象、气温、风力和能见度因子的赋值,各要素的分类标准及赋值见表 3.6。

表 3.6　海上观光气象指数特征要素的分类标准及赋值

特征要素分类	单位	分类及赋值		
		一类	二类	三类
赤潮	—	无赤潮发生	无赤潮发生	发生赤潮
浪高	m	≤1.0	>1,且≤2.0	>2.0
天气现象	—	晴、少云、多云、阴	轻雾、霾、烟雾和小雨	雾、中等强度以上的降水、雷暴、龙卷风
气温	℃	15≤T<32	10≤T<15 或 32≤T<35	<10 或≥35 或≥30 且相对湿度≥80%
风力	级	≤3	>3,且<6	≥6
能见度	km	≥10	≥5,且<10	<5
赋值	—	2	1	0

注:若一类和二类标准相同,则赋分 2 分。

将海上观光气象指数划分为如下 5 个等级:MS=64 时为一级,海上气象条件极佳,极适宜海上观光;MS=16 或 32 时为二级,海上气象条件优,很适宜海上观光;MS=4 或 8 时为三级,海上气象条件良好,适宜海上观光;MS=2 时为四级,海上气象条件一般,较适宜海上观光;MS=0 时为五级,海上气象条件差,不适宜海上观光。

3.2.4　海钓气象指数

海钓曾经与高尔夫、马术和网球被列入四大贵族运动,它是休闲也是运动,既能陶冶情操又能锻炼身体,受到越来越多人的青睐。海钓气象指数以赤潮、浪高、天气现象、气温、风力 5 项特征要素作为判断因子,建立计算公式为:

$$SF = Sf_1 \times Sf_2 \times Sf_3 \times Sf_4 \times Sf_5 \tag{3.13}$$

式中:SF 为海钓气象指数;$Sf_1 \sim Sf_5$ 分别为赤潮、浪高、天气现象、气温和风力因子的赋值,各要素的分类标准及赋值见表 3.7。

海钓气象指数划分为如下 4 个等级:SF=32 时为一级,海域气象条件极佳,极适宜海钓;SF=16 时为二级,海域气象条件优,很适宜海钓;SF=4 或 8 时为三级,海域气象条件良好,适宜海钓;SF=2 时为四级,海域气象条件一般,较适宜海钓;SF=0 时为五级,海域气象条件差,不适宜海钓。

表 3.7　海钓气象指数特征要素的分类标准及赋值

特征要素及赋值	单位	分类		
		一类	二类	三类
赤潮	—	无赤潮发生	无赤潮发生	发生赤潮
浪高	m	≤0.3	>0.3,且≤0.5	>0.5
天气现象	—	晴、少云、多云、阴	轻雾、霾、烟雾和小雨	雾、中等强度以上的降水、雷暴、龙卷风
气温 T	℃	$15 \leqslant T < 32$	$10 \leqslant T < 15$ 或 $32 \leqslant T < 35$	<10 或 $\geqslant 35$ 或 $T \geqslant 30$ 且相对湿度 $\geqslant 80\%$
风力	级	≤3	>3,且<5	≥5
赋值	—	2	1	0

注:若一类和二类标准相同,则赋分 2 分。

3.2.5　户外锻炼气象指数

随着全民健身运动的开展,越来越多的人们去公园、广场锻炼身体。在良好的天气条件下,到室外大自然赋予的新鲜空气中锻炼让人心情愉快、达到强身健体的目的,而降水或者雾、霾等天气会适得其反。"户外锻炼气象指数"反映了气象因子给户外锻炼活动带来的影响,其预报可以帮助人们选择良好天气、避开恶劣天气去户外锻炼身体。考虑到气温、降水、相对湿度、风力和能见度等相关性显著的气象要素建立了计算公式:

$$K = A \times B \times C \times D \times E \tag{3.14}$$

式中: K 为户外锻炼气象指数; A、B、C、D、E 分别为降水、气温、相对湿度、风力和能见度特征要素,其赋值见表 3.8,选取要素应为锻炼区域计算时段内的平均值或最差(赋值最低)值。

表 3.8　户外锻炼气象指数特征要素的分类标准及赋值

特征要素及赋值	单位	分类		
		一类	二类	三类
降水	mm	无降水或微量降水	无降水或微量降水	小雨(雪)及以上量级
气温	℃	$11 \leqslant T < 24$	$1 \leqslant T < 11$ 或 $24 \leqslant T < 32$	<1 或 $\geqslant 32$ 或 $T \geqslant 30$ 且相对湿度 $\geqslant 80\%$
相对湿度	%	$40 \leqslant RH < 70$	$20 \leqslant RH < 40$ 或 $70 \leqslant RH < 85$	$RH < 20$ 或 $RH \geqslant 85$
风力	级	≤3	>3,且<6	≥6
能见度或天气现象	km	≥10	≥1,且<10	<1,或有霾、浮尘、扬沙、沙尘暴等天气
赋值	—	2	1	0

注:若一类和二类标准相同,则赋分 2 分。

将户外锻炼气象指数分成如下 5 个等级: $K = 32$ 时为一级,环境气象条件极佳,极适宜进行户外锻炼活动; $K = 16$ 时为二级,环境气象条件优良,很适宜进行户外锻炼; $K = 4$ 或 8 时为三级,环境气象条件良好,适宜进行户外锻炼; $K = 2$ 时为四级,环境气象条件一般,较适宜进行户外锻炼; $K = 0$ 时为五级,环境气象条件差,不适宜进行户外锻炼。

3.2.6　蓝天气象指数

蓝天气象指数是反映天气晴朗或少云的情况下,老百姓肉眼可以看到的天空蓝色程度的气象指标。蓝天气象指数预报可以提前预知蓝天的状况,方便百姓合理安排工作和生活。以天空总云量、能见度、空气质量 3 项特征要素建立了计算公式:

$$BWI = b1 \times b2 \times b3 \tag{3.15}$$

式中:BWI 为蓝天气象指数;$b1$、$b2$、$b3$ 分别为云量指数、能见度指数和空气质量指数,各要素的分类标准及赋值见表 3.9。

蓝天气象指数分成如下 3 个等级:BWI＝4 或 8 时,蓝天指数为一级,天空蔚蓝,大部分时间都能看到蓝天白云的景象;BWI＝2 时,蓝天指数为二级,天空浅蓝,虽然晴天,但天空不太清澈;BWI＝0 或 1 时,蓝天指数为三级,天空灰白,看不到蓝天白云的景象。

表 3.9　蓝天气象指数特征要素的分类标准及赋值

特征要素 及赋值	单位	分类		
		一类	二类	三类
云量	成	≤3	4～7	≥8
能见度	km	>30	10～30	<10
空气质量指数	—	0～100	101～200	201～500
赋值	—	2	1	0

3.2.7　康养气象指数

所谓康养,即健康和养老、养生的统称。新经济时代,随着百姓对美好生活的追求日益迫切,康养休闲度假已成为满足"人民日益增长的美好生活需要"的重要内容。康养气象指数是一个综合考虑康养目的地气候条件、空气质量、大气负氧离子浓度、户外锻炼气象条件等方面的综合指数,可以客观而综合地评判康养环境气象适宜程度,其表达式如下:

$$KY = C \times A \times N \times K \tag{3.16}$$

式中:KY 为康养气象适宜度指数;C、A、N、K 分别为气候舒适度指数、空气质量指数、大气负氧离子浓度、户外锻炼气象指数特征要素赋值,详见表 3.10。

表 3.10　康养气象指数特征要素的分类标准及赋值

特征要素及赋值	分类				
	一类	二类	三类	四类	五类
气候舒适度指数	$23 \leqslant T_g \leqslant 25$	$21 \leqslant T_g < 23$ 或 $25 < T_g \leqslant 26$	$18 \leqslant T_g < 21$ 或 $26 < T_g \leqslant 28$	$13 \leqslant T_g < 18$ 或 $28 < T_g \leqslant 30$	$T_g < 13$ 或 $T_g > 30$
空气质量指数	0～50	51～100	101～150	151～300	>300
大气负氧离子浓度(个/cm³)	>1200	501～1200	301～500	101～300	<100
户外锻炼气象指数	32	16	4 或 8	2	0
赋值	4	3	2	1	0

注:体感温度 T_g 计算方法参见附录;户外锻炼指数计算方法参见式(3.15)。

将康养气象指数分成如下 4 个等级:KY 在 256～144 范围时为一级,环境气象条件很适宜康养;KY 在 72～128 范围时为二级,环境气象条件适宜康养;KY 在 24～64 范围时为三级,环境气象条件比较适宜康养;KY 在 0～18 范围时为四级,环境气象条件不适宜康养。

3.2.8　日出观赏气象指数

影响日出时观赏的要素主要为天空中东方云量及大气透明度。利用 2018 年 10 月 16 日至 2019 年 8 月 20 日共计 248 天(其中若干天由于设备或软件原因缺少日出实况记录)在秦皇岛市海港区东山浴场海边建设的实景监测系统高清摄像装置所摄日出照片作为实况数据,通过对比相应时段气象实况数据的方式,分析影响日出观赏要素阈值,确定了天气现象、总云量、相对湿度、能见度、AQI 作为 A、B、C、D、E 共 5 个因子。日出观赏气象指数 SR 的计算公式为:

$$SR = A \times B \times C \times D \times E$$

式中:SR 为日出观赏指数,A、B、C、D、E 分别为天气现象、云量、相对湿度、户外能见度、空气质量 AQI 指数特征要素,其赋值详见表 3.11。

表 3.11　日出观赏气象指数特征要素的分类标准及赋值

特征要素及赋值	分类		
	一类	二类	三类
天气现象	晴、少云	多云	雨雪、霜、冻雨、冰雹
云量(成)	≤3	4～5	>5
相对湿度(%)	≤67	68～80	>81
户外能见度(m)	>12336	6869～12335	≤6868
空气质量	优,良	轻度污染	中度污染以上
赋值	2	1	0

将日出观赏气象指数分成如下 3 个等级:SR=32 为一级,表示气象条件很好,适宜早起观赏日出;SR=1、2、4、8、16 时为二级,表示气象条件为良或一般,较适宜早起观赏日出;SR=0 时,为三级,表示气象条件较差,不适宜早起观赏日出。

图 3.1 为实景观测监控截图中比较典型的日出观赏气象指数一级、二级及三级的图片。

当然,日出时间还与不同日期的太阳高度角以及观测视野有关。

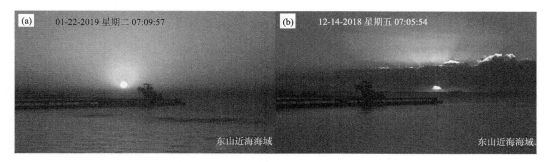

图 3.1　典型的适宜(a)、一般(b)、不适宜(c)观赏日出监测实况截图

第4章　秦皇岛市环境特征分析

4.1　秦皇岛市环境空气质量特征概况

　　近年来京津冀地区重污染天气频发,河北省更是重中之重,其中秦皇岛市作为国家园林城市、全国十佳生态文明城市、中国北方最宜居城市,空气质量备受关注。作为旅游城市,其优良的空气质量是秦皇岛旅游的优势,虽然秦皇岛市空气质量优良天数较多,但其地理位置北靠燕山,偏南风时受燕山山脉阻挡难以向北扩散,渤海湾为内海,近封闭区域,大气环流更新缓慢,且受周边地区空气质量的影响,导致近 3 a 秦皇岛出现重污染天气年均 3.7 d。作为污染事件的主要原因之一,$PM_{2.5}$ 受到了空前的关注,国内以 $PM_{2.5}$ 为首要污染物的重污染天气与气象条件的关系研究很多(尚可,2016;汪靖,2015;吕梦瑶,2019)。但自 2019 年开始臭氧逐渐成为影响秦皇岛空气质量的首要污染物,开展臭氧与气象条件关系研究很有必要。

　　2020 年秦皇岛市 1—12 月 $PM_{2.5}$ 为 34 μg/m³,较 2019 年下降 17.1%,较 2018 年下降 10.5%;臭氧(O_3)较 2019 年下降 8.3%,较 2018 年增加 8.3%;可吸入颗粒物(PM_{10})较 2019 年下降 15.1%,较 2018 年下降 18%(图 4.1)。秦皇岛空气质量逐年转好。

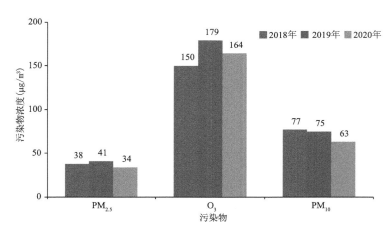

图 4.1　2018—2020 年 $PM_{2.5}$、PM_{10} 和 O_3 的浓度变化

　　2020 年秦皇岛全市平均 AQI 优良天数为 297 d,占总有效监测天数的 81.1%,全市空气首要污染物占比较多的前两项污染物为 O_3 和 $PM_{2.5}$。2020 年以 O_3 为首要污染物的天数占比 46.5%,比 2019 年同期占比 43.2%上升 3.3%,比 2018 年同期占比 31.2%上升 15.3%;以 $PM_{2.5}$ 为首要污染物的天数占比 18.2%,比 2019 年同期占比 22.5%下降 4.3%,比 2018 年同

期占比 17.6%上升 0.6%(图 4.2)。

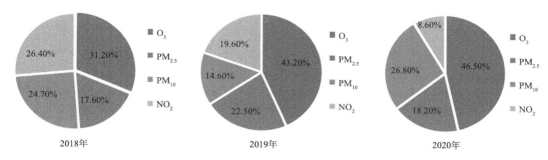

图 4.2　2018—2020 年各首要污染物日数占比

由图 4.3 可见,秦皇岛市在优良天气下的风向主要受西北风和东北风控制,此时盛行风向多与冷空气活动有关,当西北路径和偏北路径冷空气南下时,空气质量优良;而重污染天气下秦皇岛市主要受偏纬向气流影响,风向多为西南风和偏西风。

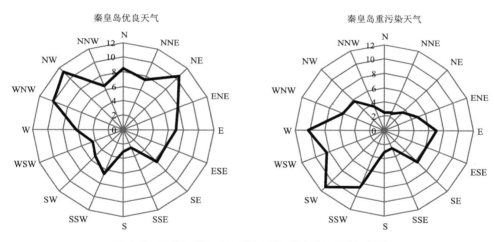

图 4.3　秦皇岛优良天气和重污染天气下风频玫瑰图

4.2　秦皇岛市臭氧时空分布特征及与气象条件的关系

臭氧是影响城市大气环境质量的重要污染物,因其在大气光化学中的作用以及对生态环境和人体健康产生的效应而引起了国内外学者和公众的普遍关注。臭氧在对流层中也是重要的光化学氧化剂,影响大气化学和空气品质。近 3 a,秦皇岛以臭氧为首要污染物的日数最多,本节对臭氧(O_3)与气象因子的关系进行分析。臭氧的生成与氮氧化物(NO_x)、一氧化碳(CO)和挥发性有机物(VOC)等其他大气污染物相关性较大,与光照、气温、风速等密切相关,是典型的二次污染,因此,以下分析臭氧时,同时分析 NO_2、CO 的分布特征。

4.2.1　年际变化规律

2017—2020 年,以 O_3 为首要污染物的天数分别为 44、32、48 和 41 d,且 O_3 污染日数占全年污染日数的比重分别为 50%、42%、54% 和 60%,呈逐年增加趋势。从逐月 O₃ 污染日数来看,11 月和冬季(12 月到次年 2 月)无 O₃ 污染日数,O₃ 污染日数主要出现在 4—9 月,以 6 月和 7 月最多,平均达到 12~13 d。

秦皇岛市 2017 年 5 月至 2020 年 5 月 O₃ 日平均浓度的变化情况如图 4.4,O₃ 年变化趋势比较明显,呈周期性变化,呈现"倒 U"型特征,春季升高,夏季达到最高,秋季逐渐降低,冬季降到最低。其中 4—9 月的浓度相对较高,均高于 100 $\mu g/m^3$,6 月的 O₃ 浓度最高,为 157.9 $\mu g/m^3$,而 1—3 月、10—12 月浓度相对较低,最低浓度出现在 12 月,为 40.2 $\mu g/m^3$。此外,7—8 月 O₃ 浓度低于 6 月,是因为秦皇岛市暴雨主要集中在 7 月、8 月,虽然夏季强太阳辐射和高温有利于臭氧的转化,但降水过程导致光化学反应速率减小,这使得其平均浓度值低于 6 月的浓度值(图 4.5)。从图 4.5 也可以看出,NO₂ 与 CO 的变化趋势一致,呈"U"型结构,与 O₃ 的变化趋势相反。

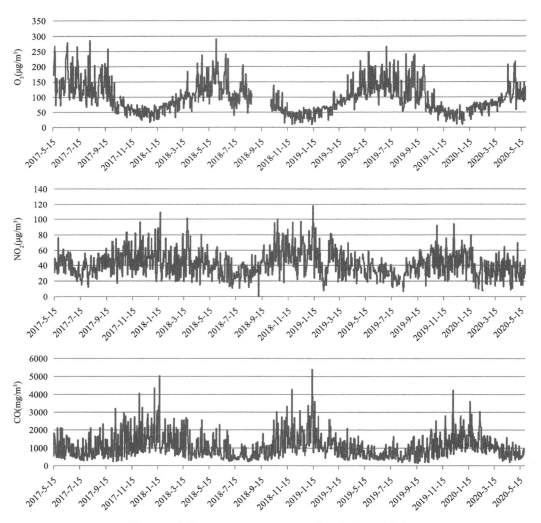

图 4.4   秦皇岛 O₃、NO₂ 和 CO 日平均浓度的年际变化

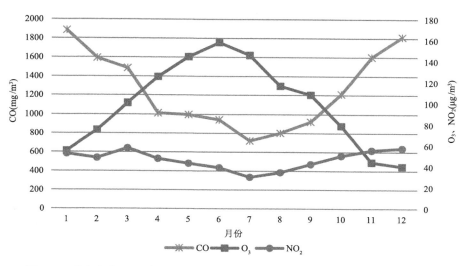

图 4.5　秦皇岛市 2017 年 5 月至 2020 年 5 月的 O_3、NO_2 与 CO 浓度的逐月变化

4.2.2　日变化规律

图 4.6 是秦皇岛市不同季节的 O_3、NO_2 与 CO 平均浓度日变化曲线,每个时刻的浓度取值是将这个季节所有该时刻浓度取平均值。季节划分:春季为 3—5 月,夏季为 6—8 月,秋季为 9—11 月,冬季为 12 月至翌年 2 月。从图 4.6 看出,夏季 O_3 浓度日变化值最大,春季仅次于夏季,秋季日变化值较小,冬季最小,这是由于太阳辐射和温度是引起 O_3 浓度日变化的关键气象因素,总体上,夏季相较于其他季节太阳辐射更强、温度更高,使得光化学反应速率加快,O_3 浓度升高;而春季高于秋季可能的原因是秋季阴雨天气过程多于春季,且秋季降温较快,导致其光化学反应弱于春季。

O_3 的日变化曲线呈现单峰结构,并且白天的浓度明显高于夜间,峰值出现在 16 时,为 128.8 $\mu g/m^3$;06 时浓度最低,为 43.3 $\mu g/m^3$。NO_2 与 CO 的浓度日变化是秋、冬季节较高,春、夏两季较低。NO_2 的夏季日变化曲线呈现双峰结构,峰值时段为 06—08 时和 21—23 时,最高浓度为 08 时的 43.3 $\mu g/m^3$,14 时浓度到达最低值 17.5 $\mu g/m^3$。与 NO_2 的变化相似,CO 浓度最大值为 08 时的 878.2 mg/m^3,在 17 时其浓度最低,为 513 mg/m^3。对于 CO 和 NO_2 浓度呈现的双峰型变化,主要是由于机动车尾气的排放,两个峰值时段的出现和早晚上下班高峰有密切的关系。NO_2 和 CO 浓度的日变化与 O_3 浓度的日变化有较好的对应关系,尤其是夏季白天,太阳辐射强,气温高,有助于 NO_2、CO 向 O_3 的转化,较低的 NO_2 和 CO 浓度,对应着较高的 O_3 浓度。

4.2.3　空间分布特征

秦皇岛市共有国家级空气质量监测点 4 个,市监测站、北戴河环保局、第一关和建设大厦 4 个站点,图 4.7 为全市(4 个站点平均)及 4 个监测站点 O_3 浓度季节变化情况。可以看出,O_3 浓度夏季最高,冬季最低,这与秦皇岛市的季节变化规律一致。分季节来看,春季 O_3 浓度是市监测站最高,北戴河环保局最低,夏季市监测站最高,第一关最低,秋、冬两季北戴河环保局高于其他点,市监测站最低。通过比较表明,秦皇岛市近年来 O_3 平均浓度低于 20 世纪 80

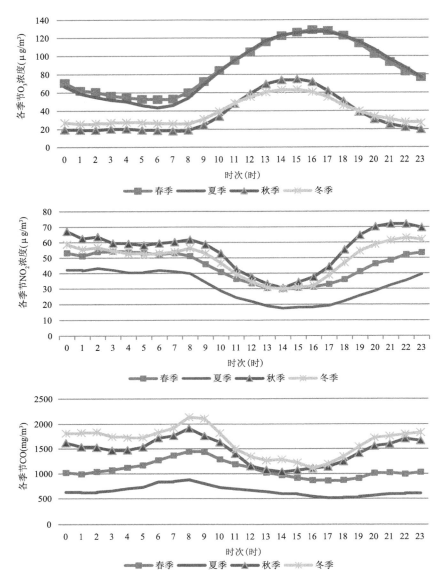

图 4.6 秦皇岛市不同季节的 O_3、NO_2 与 CO 平均浓度日变化

年代水平,并且区域差异减小,与实行了工业减排、尾气达标、燃煤锅炉改造等一系列大气污染防治综合措施有关,使得大气质量状况得到有效改善。

图 4.8 是秦皇岛市(全市所有站点平均)、市监测站、北戴河环保局、第一关和建设大厦在4 个季节 O_3 浓度的日变化曲线。可以看出,不同区域 O_3 浓度的日变化规律相似,都呈单峰型变化。春季:5 个站点出现峰值的时间均为 16 时;夏季:第一关出现峰值的时间为 14 时,其余为 16 时,第一关出现峰值的时间要比其他站点超前约 2 h;秋季:北戴河环保局出现峰值为 16 时,其余为 15 时,北戴河环保局出现峰值时间滞后 1 h。冬季:第一关出现峰值的时间为 14 时,其余为 15 时,第一关出现峰值的时间要比其他站点超前约 1 h。

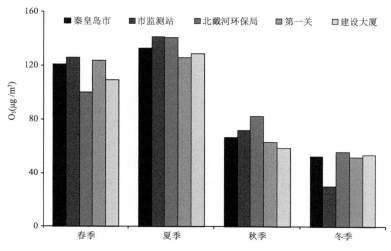

图 4.7　秦皇岛全市平均和 4 个监测站点 O_3 浓度季节变化

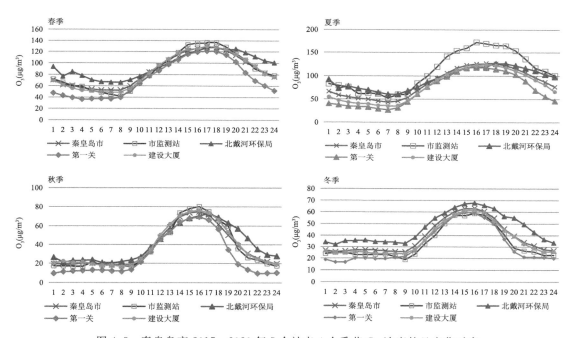

图 4.8　秦皇岛市 2017—2020 年 5 个站点 4 个季节 O_3 浓度的日变化时序

4.2.4　气象因子对臭氧的影响

O_3 浓度的季节变化特征主要受气象环境的影响（表 4.1），年尺度内，O_3 浓度和最高气温呈显著正相关，相关系数达到 0.75。其他除风速外，都呈负相关，地面气压呈显著负相关，除降水外都通过信度水平 0.01 的显著性检验。在各季节尺度上，O_3 浓度的高相关性则有所变化，最高气温在春、夏、秋季都与 O_3 浓度有很高的相关性，相关系数在 0.6 以上。风速在 4 个季节都与 O_3 呈正相关，冬季与 O_3 相关性最大，为 0.246，且通过 0.01 的显著性检验。降水在夏、秋、冬季与 O_3 浓度呈反相关,表明对 O_3 浓度有一定的清除作用。地面气压在四季都与 O_3 浓度呈反相关,但是在冬季并不显著,在春季相关性最强。

表 4.1   不同季节对应的 O_3 浓度与气象要素相关系数

参数	与最高气温相关系数	与相对湿度相关系数	与降水相关系数	与风速相关系数	与地面气压相关系数
年	0.75**	−0.128**	−0.03	0.208**	−0.707**
春季(3—5月)	0.685**	−0.198**	0.191*	0.125	−0.52**
夏季(6—8月)	0.6**	−0.601	−0.254**	0.106	−0.231**
秋季(9—11月)	0.702**	−0.119*	−0.103	0.022	−0.434**
冬季(12月至次年2月)	−0.05	−0.151**	−0.085	0.246**	−0.112

注:** 表示通过信度水平 0.01 的显著性检验,* 表示通过信度水平 0.05 的显著性检验。

1. 温度、日照和海平面气压

O_3 是在太阳辐射条件下通过光化学反应由一次污染物生成,随着太阳辐射的增强,气温逐渐升高,同时提高了大气光化学反应的速率,使得 O_3 浓度升高。从秦皇岛市 2017 年 5 月至 2020 年 5 月气温变化可以看出(表 4.2):O_3 浓度随着气温的升高而升高,O_3 浓度与气温呈正相关性,$T \geqslant 28$ ℃的春夏季易出现 O_3 重污染,冬季很少出现 O_3 污染。

表 4.2   不同气象要素对应的 O_3 浓度的要素阈值

臭氧浓度	平均最高气温(℃)	平均相对湿度(%)	平均风速(m/s)	平均海平面气压(hPa)	平均日照时数(h)
0~100	4	40 或 >90	1.7	1022.0	7.3
101~160	18	60 或 80~90	1.6	1010.5	8.6
161~215	21	65	1.7	1007.5	9.8
216~265	25	70	2.0	1004.5	10.8
≥266	28	75	1.9	1006.0	11.0

2. 相对湿度

从表 4.3 可以看出,相对湿度范围低于 60% 或高于 90% 时,O_3 浓度较小;平均相对湿度达到 75% 时,O_3 浓度最高。这主要是由于大气中的水汽影响太阳紫外辐射,在湿度较高情况下,空气中水汽所含的自由基 H·、OH· 等迅速将 O_3 分解为氧分子,因此,高湿条件不利于 O_3 的积累。同时也可看出,随着气压的增加,O_3 平均浓度逐渐减小,随着日照时数的增加,O_3 平均浓度逐渐增大。

3. 风向和风速

风向和风速影响近地层 O_3 及其前体物的水平扩散。风速对 O_3 浓度的影响可能是由于较大的风速抬高了大气边界层高度,上层 O_3 向地面处混合,同时较大风速的水平扩散作用又对 O_3 进行了一定的稀释,这两种作用同时发生,当风速较小时,向下的 O_3 混合作用强于扩散作用,从而造成 O_3 浓度不断累积,但随着风速的增加,扩散作用逐渐增强,两种作用相当,因此,在风速不断增加时,风向对 O_3 及其前体物的传输有明显影响。

不同季节的风向对 O_3 浓度有一定影响。从风向频率(图 4.9)的季节性变化可以大致了解不同方向的气流对观测站点 O_3 的相对影响程度。由图 4.9 可见,春、夏季主导风向为 SW、SE 和 NW 方向,出现频率范围为 8%～14%;秋、冬季主导风向为 WNW、NNW、NW,出现频率范围为 11%～23%;此外,秋、冬季 E 和 SE 方向风向出现频率也较高,分别为 11% 和 5%。虽然 W 方风向出现频率非常低,但是夏、秋季在西风方向,风速<2 m/s 时,O_3 浓度相对较高,这可能与夏、秋季作为旅游旺季会明显增加人为气溶胶排放有关,局地的光化学反应对 O_3 的产生具有重要贡献。在东风及偏东风方向,风速>2 m/s 时,O_3 有时也会出现高值,表明此方位污染物的输送对 O_3 浓度存在潜在的贡献。

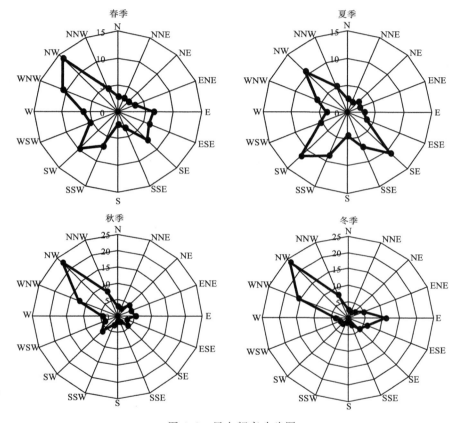

图 4.9　风向频率玫瑰图

4.2.5　输送型污染的主要类型

1. 南部输送型

南部输送型包括西南部和南部。西南部输送,气团主要来自河南及河北省中南部输送。南部输送,气团主要来自唐山、山东等一带,南部气流一方面携带了充沛的水汽,相对湿度增加会使污染加重,另一方面将南部的污染物输送到秦皇岛。

2. 偏东输送型

气团主要来自辽宁东南部,但是偏东路径一般来自海上,空气相对清洁,但湿度较大,如果秦皇岛市地面存在辐合时,会对污染有所加重。

3. 西部输送型

气团主要来着内蒙古,受地形影响,来自内蒙古的气团经过大风沙尘的影响,污染物容易在秦皇岛市西北部山区聚集,不易扩散,使西部的空气质量变差。

4. 区域间短距离输送型

该类型主要是秦皇岛市附近地市间的相互输送,唐山、天津、北京和承德之间的相互作用,由于地形原因,在地面气压场较弱的情况下,加上明显的风向辐合,使得污染物在秦皇岛一带聚集,污染相互影响。

4.3　秦皇岛市酸雨分布特征分析

酸雨是雨、雪在形成和降落过程中,吸收并溶解空气中的二氧化硫、氮氧化合物等物质使 pH 值<5.6 的雨、雪或其他形式的酸性降水,其中 pH 值<4.5 可以认定为强酸雨。一个地区全年降水的平均 pH 值<5.6 的地区称酸雨地区。酸雨是工业化发展带来的环境问题,其污染十分广泛:可使土壤酸化,使土壤贫瘠化,不利于农作物的生长;可造成水体的酸化,使生态环境系统发生紊乱;可对人体皮肤产生直接影响,能引起多种呼吸道疾病;此外,对建筑物、钢铁等有腐蚀作用。因此对酸雨研究有很大的必要性。

选取 2005—2019 年秦皇岛市气象站酸雨观测数据作为参考,对酸雨资料进行分析。采用雨量加权法计算降水的 pH 值,将测得的每次过程降水的 pH 值换算成浓度[H⁺],然后将[H⁺]按雨量加权后求出平均值[H⁺],再取其负对数即得到降水 pH 平均值。计算公式如下:

$$\overline{pH} = -\lg\left[\frac{\sum_{i=1}^{n}[H^+]_i \times V_i}{\sum_{i=1}^{n}V_i}\right] = -\lg\left[\frac{\sum_{i=1}^{n}10^{-pH_i} \times V_i}{\sum_{i=1}^{n}V_i}\right] \tag{4.1}$$

式中:$\overline{pH}$ 为降水 pH 值的加权平均值;$[H^+]_i$ 为第 i 场降水的[H⁺]浓度(mg/L),pH_i 为第 i 场降水的 pH 值,V_i 为第 i 场降水量(mm);n 为降水场数。

4.3.1　秦皇岛酸雨年变化

pH 值定义是氢离子浓度的负对数,其值范围 1～14,反映大气降水的酸碱程度,值越小酸度越大;大气降水电导率 K 则是反映大气降水的洁净程度,值越大则大气降水导电能力越强。

对 2005—2019 年秦皇岛站降水采集样品进行分析,pH 值日变化范围为 4.02～8.50,平均值为 6.20。K 值日变化范围为 5.5～331.0 $\mu s/cm$,平均值为 80.13 $\mu s/cm$。

从 2005—2019 年秦皇岛酸雨年统计表(表 4.3)可知,期间秦皇岛市共出现大气降水 604 次,其中中性样本个数 288 个,占总样品的 47.7%;碱性样本出现 156 次,占 25.8%;酸雨共出现 160 次,占总样本的 26.5%,其中 2008 年出现酸雨次数最多,共出现 30 次,2006 年第二,出现 26 次,2007 年第三,出现 22 次。2011 年、2017 年、2019 年出现酸雨次数最少,为 1 次。2005—2009 年最多,为 96 次,2010—2014 年 50 次,2015—2019 年 14 次,呈现逐年减少趋势,近 5 a 秦皇岛市大气降水以中性和碱性降水为主。

表 4.3　2005—2019 年秦皇岛酸雨年统计表

年份	酸性	中性	碱性	总计
2005	2	3	1	6
2006	26	18	1	45
2007	22	13	8	43
2008	30	13	1	44
2009	16	29	4	49
2010	6	32	6	44
2011	1	20	22	43
2012	8	14	12	34
2013	20	18	3	41
2014	15	14	9	38
2015	3	16	30	49
2016	3	18	27	48
2017	1	19	15	35
2018	6	32	6	44
2019	1	29	11	41
合计	160	288	156	604
占总降水次数比例	26.5%	47.7%	25.8%	100.0%

从 2005—2019 年秦皇岛酸雨年变化趋势(图 4.10)可知,近 15 a 秦皇岛市 pH 值年变化呈显著上升趋势,增加率为 0.0859/a,显示秦皇岛酸雨呈明显的减少趋势。年平均 pH 值变化范围在 5.2~6.9,极差达到 1.7,说明该地 pH 值年际变化大,其中最小值出现在 2008 年,最大值出现在 2011 年,pH 值年际变化与大气条件密不可分。

K 值年变化呈下降趋势,下降速率达到 -0.1916 $\mu s/(cm \cdot a)$,变化范围为 57.27~95.65 $\mu s/cm$。空气中杂质变少,降水变纯,导电率变低,表明环境治理效果显著。

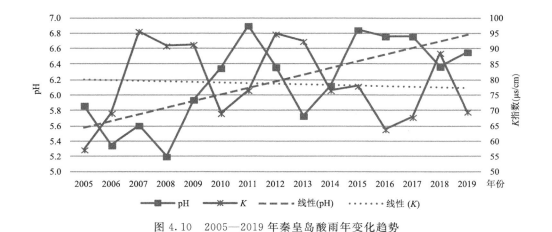

图 4.10　2005—2019 年秦皇岛酸雨年变化趋势

4.3.2　秦皇岛酸雨季节变化规律

为了进一步分析 pH 值和 K 值变化特征,对秦皇岛 pH 值和 K 值的季节变化进行研究。四季中 pH 值从高到低的顺序为:冬季＞春季＞秋季＞夏季,其值分别为 6.77、6.34、6.22 和 6.08,一年中从冬季到夏季呈下降趋势,从夏季到冬季又呈上升趋势。从 2005—2019 年秦皇岛酸雨季节分布统计表(表 4.4)可见,夏季酸雨共出现 92 次,其中强酸雨出现 18 次,占强酸雨总次数的 69.23%,普通酸雨 74 次,占普通酸雨总次数的 55.22%;其次是秋季,酸雨出现 38 次,其中强酸雨出现 5 次,占强酸雨总次数的 19.23%,普通酸雨 33 次,占普通酸雨总次数的 24.63%;春季出现酸雨 27 次,其中强酸雨出现 2 次,占强酸雨总次数的 7.69%,普通酸雨 25 次,占普通酸雨总次数的 18.66%;冬季出现酸雨(雪)3 次,其中强酸雨(雪)出现 1 次。

由表 4.5 可以看出,K 值四季从大到小的排序为:春季＞秋季＞夏季＞冬季,其值分别是 95.36 $\mu s/cm$、78.92 $\mu s/cm$、74.25 $\mu s/cm$、73.33 $\mu s/cm$。

表 4.4　2005—2019 年秦皇岛酸雨季节分布统计表

	酸雨					非酸雨		总计
	强酸雨次数	占强酸雨总次数比例	普通酸雨次数	占普通酸雨总次数比例	酸雨总次数	次数	占比	
冬季	1	3.85%	2	1.49%	3	29	6.53%	32
春季	2	7.69%	25	18.66%	27	107	24.10%	134
秋季	5	19.23%	33	24.63%	38	85	19.14%	123
夏季	18	69.23%	74	55.22%	92	223	50.23%	315
总计	26		134		160	444		604

表 4.5　2005—2019 年秦皇岛 pH 、K 指数季节分布统计表

	pH	K 指数
冬季	6.77	73.33
春季	6.34	95.36
秋季	6.08	78.92
夏季	6.22	74.25

从酸雨占所在季节总降水次数比重分析可以看出(图 4.11),秋季酸雨个例占当季总降水次数比例最大为 31%,其次为夏季 29%,春季第三,酸雨占总降水次数的 20%,冬季最少为 9%。冬、春季碱性降水较多为 35%,秋季最少为 21%。

按照降水量分级小雨(0～9.9 mm)、中雨(10～24.9 mm)、大雨(≥25 mm),分析 2005—2019 年秦皇岛酸雨各季节不同降水量级占比(图 4.12)。由于冬季降水相态复杂,且酸雨发生次数最少,故不对冬季进行降水量占比分析。春季发生酸雨时,小雨占春季降水总次数的 63%,中雨占 30%,大雨及以上占 7%;夏季发生酸雨时,小雨占夏季降水总次数的 43%,中雨占 34%,大雨及以上占 23%;秋季发生酸雨时,小雨占秋季降水总次数的 63%,中雨占 21%,大雨及以上占 16%。春季、秋季小雨量级时酸雨出现的概率明显高于夏季。

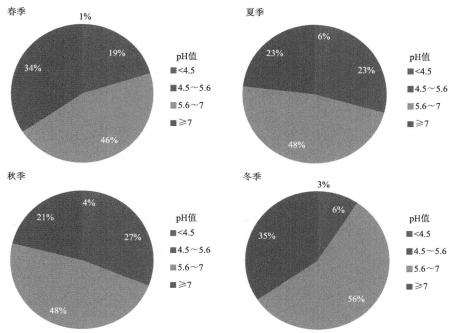

图 4.11 2005—2019 年秦皇岛酸雨季节性发生占比(见彩图)

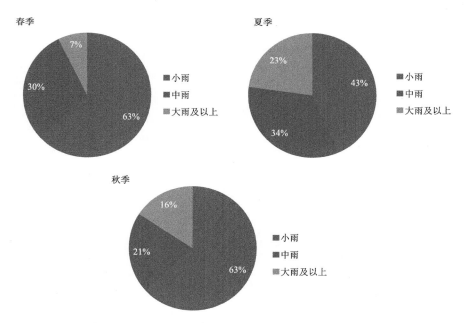

图 4.12 2005—2019 年秦皇岛酸雨季节降水量分级占比

4.3.3 秦皇岛酸雨月变化规律

根据秦皇岛市逐月 pH 值变化可知(图 4.13),总体呈"两峰两谷"型。最低值出现在 3 月,为 5.90,然后到 4 月明显上升,在 4 月达到 6.62 后开始下降,9 月达到最低为 5.92,过后再次回升,在次年 1 月达到最高为 7.03。K 值 3 月、9 月出现峰值,与 pH 值呈反相关。

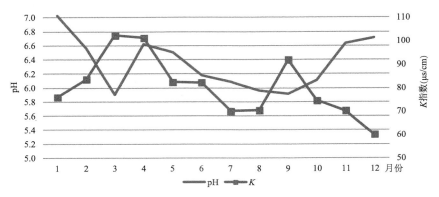

图 4.13　2005—2019 年秦皇岛酸雨月变化趋势

　　从秦皇岛酸雨月发生次数及占当月降水次数比例统计(表 4.6)看,2005—2019 年秦皇岛酸雨发生次数最多的月份是 7 月共 37 次,其中强酸雨 8 次;其次为 8 月,为 29 次,其中强酸雨 7 次;第三位为 6 月共 26 次,其中强酸雨 3 次;2 月、4 月、11 月未出现强酸雨,1 月未出现酸雨。

　　发生酸雨占当月总降水次数比例最高的是 3 月为 43.48%,9 月次之为 41.27%,7 月第三为 30.84%,1 月、2 月、11 月酸雨雪频次小于 10%。可见 7—9 月为秦皇岛酸雨较重时段。

表 4.6　2005—2019 年秦皇岛酸雨月发生次数及占当月降水次数比例统计

月份	<4.5	占比	4.5~5.6	占比	5.6~7.0	占比	≥7	占比	总计
1	0	0.00%	0	0.00%	4	44.44%	5	55.56%	9
2	0	0.00%	1	7.69%	9	69.23%	3	23.08%	13
3	1	4.35%	9	39.13%	10	43.48%	3	13.04%	23
4	0	0.00%	6	11.76%	21	41.18%	24	47.06%	51
5	1	1.67%	10	16.67%	30	50.00%	19	31.67%	60
6	3	3.09%	23	23.71%	42	43.30%	29	29.90%	97
7	8	6.67%	29	24.17%	51	42.50%	32	26.67%	120
8	7	7.14%	22	22.45%	57	58.16%	12	12.24%	98
9	4	6.35%	22	34.92%	26	41.27%	11	17.46%	63
10	1	2.38%	10	23.81%	23	54.76%	8	19.05%	42
11	0	0.00%	1	5.56%	10	55.56%	7	38.89%	18
12	1	10.00%	1	10.00%	5	50.00%	3	30.00%	10

4.3.4　pH 值和 K 值与气象因子的关系

　　影响酸雨形成的基本因素主要包括地理环境和气象条件,其中气象条件中的动力、热力和湿度等因子对酸雨影响较大。

　　为了了解秦皇岛市酸雨天气下的 pH 值和 K 值与气象因子的关系,主要对 2005—2019 年 pH 值、K 值与动力和湿度因子相关性进行分析。本节所指动力因子为风速和风向,湿度因子指降水量。

1. 地面风对 pH 值和 K 值的影响

地面风作为气象要素中的动力因子,对大气污染物的输送、扩散和稀释有着十分重要的作用。风向影响大气污染物水平迁移扩散方向;风速大小会影响近地面大气污染物的扩散速度和稀释能力。

由 2005—2019 年秦皇岛酸雨发生时风向分布频率图(图 4.14)可知,2005—2019 年秦皇岛出现酸雨时,地面主导风向以 WNW 出现频率最多为 23 次,其次是 ENE 出现 14 次,S 与 NNW 最少,各出现 3 次。

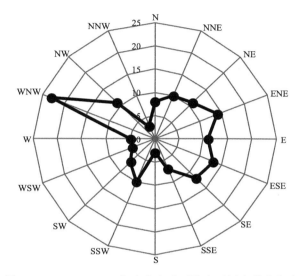

图 4.14　2005—2019 年秦皇岛酸雨发生时风向分布频率

秦皇岛西部靠近唐山,工业较为发达,WNW 把上游的污染物输送到本市,故酸雨占比较高,为最高;NNE 到 ESE 酸雨占比较为均匀,回流降水是秦皇岛市降水主要形势之一,受地面倒槽影响,盛行 NNE 到 SE,把我国重工业区的东北地区污染物经渤海湾输送到秦皇岛市,秦皇岛酸雨观测站位于本市北戴河区,秦皇岛市中心海港区位于其东北部,污染物输送也不容忽视。SSE 至 S 方向发生酸雨频次较少,因为该方位为海上,海上的空气较为清洁。

通过分析风速对 pH 值与 K 值的影响(图 4.15)可以看出,风速小于 3 m/s 时,出现酸雨的个例最多,强酸雨和中弱酸雨占比相近;风速大于 3 m/s 时,虽然酸雨个例较少,但强酸雨占比较高。风速小于 3 m/s 时,K 指数在 0~180,小风时没有吹起灰尘,污染物主要来自于工业排放和汽车尾气等。由于本地污染物排放量波动不大,可以认为强酸雨主要与外部输入有关。

2. 降水量对 pH 值和 K 值的影响

通过分析降水量对 pH 值与 K 值的影响(图 4.16)可见,降水量 25 mm 以下,强酸雨与中弱酸雨占比相近,降水量 25 mm 以上时,强酸雨占比较大,秦皇岛出现强降水时,水汽主要来源于西南和南部地区的输送,平原地区工业占比较大,硫、氮化物排放量较大,导致强酸雨发生频次较高。降水量 25 mm 以上时,K 值明显减小,说明降水量较大时对大气有明显的清洁作用。

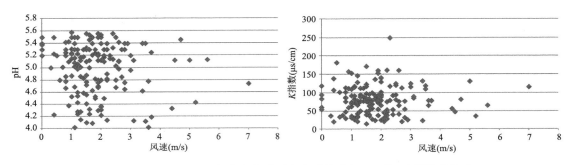

图 4.15　2005—2019 年秦皇岛酸雨发生时风速与 pH 值、K 指数的关系

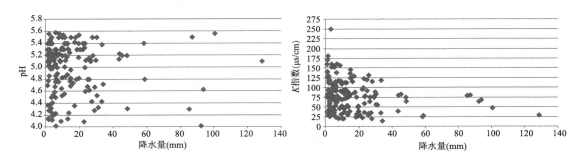

图 4.16　2005—2019 年秦皇岛酸雨发生时降水量与 pH 值、K 指数的关系

4.4　秦皇岛市空气负离子分布特征

空气分子在宇宙射线、紫外线、微量元素辐射、雷击闪电等作用下发生电离,最外层电子逃逸变成自由电子,当自由电子与其他中性气体分子结合后,即形成带负电的空气负离子。空气负离子大小不一,按微粒直径大小的不同,可分为小粒径负离子(直径为 0.001~0.003 μm)、中粒径负离子(直径为 0.003~0.030 μm)、大粒径负离子(直径为 0.03~0.10 μm)。空气负离子在单位强度(V/m)的电场作用下,其移动速度叫离子迁移率,它是分辨空气负离子直径大小的一个重要参数。空气负离子直径越小,其移动速度越快,迁移率越大,迁移率与空气负离子直径成反比(林金明 等,2006)。国内研究起步于 20 世纪 80 年代初,初期研究空气负离子的生物效应与机制,认为“带电颗粒由肺泡进入血液,进而影响机体中枢神经或体液而产生效应,高剂量的空气负离子可以提高脑血流量、降低五羟色胺(5HT)水平、促使糖皮质激素产生、使 SOD 活性增强、降低肾上腺激素水平,减少疲劳(康志遥,1982),研究属于纯理论性质,停留在实验室阶段;90 年代初、中期,逐渐转向应用方面,比如疗养地、疗养院空气负离子的分布和演变状况,以及如何为疗养员提供康复服务(李飞 等,1991)。提出疗养场所空气负离子与植物密度正相关、对环境高度敏感(周志勇,1996);进入 21 世纪以后,开发生态资源,尤其把开发空气负离子资源作为旅游深度开发的一个重要方面(黄建武 等,2002),对于城市不同生态功能区(公园游览区、生活居住区、商业交通繁华区和工业区)影响空气负离子的气象要素进行研究,指出空气相对湿度和光照强度是影响空气负离子浓度的最主要因素(韦朝领 等,2006;倪军,2005)。

在城市营造空气清新的小气候,可以用植树种草、人造喷泉来实现,而单纯栽植草皮对增加空气负离子贡献不大(黄彦柳 等,2004;李陈贞 等,2009)。人口密度高,生活区植被少的空气浑浊度(大气污染程度)明显高于居住分散植物多的生活区域,空气负离子浓度代表了这一地区空气的清新程度(邵海荣 等,2005)。

2000 年以来,一方面对于城市绿地植物群落对空气负离子影响研究逐渐增多,植物群落的叶面积指数 LAN、群落小气候都对空气负离子多寡有重要影响(刘新 等,2011)。植被对城市功能区空气负离子及空气质量的提升起着关键作用,城市规划尽量避免大面积硬质材料,维持城市植被的整体性和多样性十分重要(梁诗 等,2010;白保勋 等,2016)。不同绿化配置模式的绿地空气负离子浓度也存在明显的差异,浓度大小、空气质量优劣的排序均为复层林>乔草型>灌草型>草地>裸地(胡喜生 等,2012)。在不同群落结构的绿地中,具乔、灌、草结构的复层结构比结构单一的植物群落对提高环境中的空气负离子浓度发挥更大的作用(刘宇 等,2015)。另一方面,气象要素如太阳辐射、风、降雨、空气湿度、雾等对空气负离子影响研究也越来越多,日照时数多的晴天,空气负离子浓度低;轻微风天气、雷电条件下对产生较多负离子有利,空气负离子与湿度的关系各季节不同,雾天城市空气负离子少,森林雾天空气负离子多(常艾 等,2015)。在典型城市居民区,空气负离子浓度与温度、水汽压和风速呈显著正相关,与紫外线呈正相关,与湿度呈负相关(任晓旭 等,2016),而多数人研究结论是空气负离子浓度与相对湿度正相关,例如在城市森林公园中,空气负离子与相对湿度呈现显著正相关(王非 等,2016),在城市住宅区,温度和相对湿度与空气负离子浓度有一定的相关性,但总体趋势关系不明确(王薇 等,2014)。空气负离子和空气质量也有关系,空气负离子浓度与 $PM_{2.5}$ 浓度呈显著负相关(王薇 等,2016)。有学者对"中国城市环境空气负离子的研究进展、机理机制、观测方法、时空特征、评价指标体系以及关键影响因子及其相互之间的关系等进行深入和系统的阐述(王薇 等,2013)。

尽管研究的历史长,范围大,涉及内容广泛,但以上研究也有其"缺陷和瓶颈"——数据问题,这是因为我国没有像气象和环保这种专门的机构来采集空气负离子数据。空气负离子观测的时空尺度和数据链都还停留在短时间、局地性的状态,数据链条短,数据量不大,不能反映空气负离子"宏分布",无法得到空气负离子更真实的状况。本章利用 2009—2015年空气负离子的连续有效监测数据,用数理统计方法研究分析其分布特征和变化,定量了解北戴河区域的空气负离子时空分布状况、与空气污染物 $PM_{2.5}$ 的相关性、与当地气候背景的关系,特别是 6—8 月空气负离子在主要时间段的分布等。在了解北戴河海滨区域空气负离子状况与气候背景和空气污染物关系的基础上,对北戴河海滨作为国家级康复疗养地来说,可以提供科学可靠的空气负离子信息,使其合理利用生态资源、保护环境,达到最佳康复、疗养效果。同时为暑期优秀科学家休假、最高层决策提供空气负离子数据的有效服务。

4.4.1　研究区概况及研究方法

1. 研究区位置

在北戴河,选取气象观测站、金山嘴和联峰山共 3 个空气负离子监测站点,进行空气负离子对比观测实验,如图 4.17 所示。北戴河气象观测站距离金山嘴直线距离是 4.44 km,距离联峰山直线距离为 5.51 km,金山嘴距离联峰山直线距离是 6.30 km。

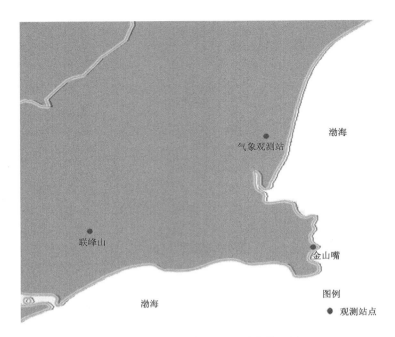

图 4.17   空气负离子观测点位置图

3 个观测地点的下垫面情况为气象观测站是滩涂和乔灌木,滩涂面积 577.4 hm²,由海滩、
泻湖、河道组成,主要栽植杨树、柳树、刺槐等乔木;联峰山森林面积 6603 hm²,主要栽植油松、
黑松、马尾松和白桦,夹杂有云杉、五叶枫、紫叶李、黄栌等彩叶树种。地面多见野生狗尾草等。
金山嘴三面环海,北面栽植油松和马尾松等树种。

2. 研究方法

(1)实验数据、仪器

2006 年 5 月,中国气象局在北戴河国家气象观测站进行空气负离子要素观测试验,基本
数据是空气负离子浓度小时平均值,为 2009—2015 年连续数据值,气象站 54655 个有效数据,
金山嘴和联峰山 12371 个有效数据。

监测仪器为北京"万实达科贸公司"研制的 WIMD-A 系列大气空气负离子自动测报仪,仪
器检测的空气负离子迁移率 k 分两档:①迁移率 $k=1.0$,检测迁移率≥1.0 的空气负离子(更
小的小离子);②迁移率 $k=0.4$:检测迁移率≥0.4 的空气负离子(小离子)。小粒径(迁移率≥
0.4)空气负离子,则有良好的生物活性,易于透过人体血脑屏障进入人体,发挥其生物效应。
本文所用空气负离子的数据,主要为迁移率 $k=1.0$ 的更小的小离子,其特点是滞留空气中的
时间更长、生物活性更强、通过呼吸更容易进入肺泡和脑循环血中。

(2)数据处理

采用 Excel 软件,制作空气负离子浓度变化曲线;统计观测数据,计算标准差,分析空气负
离子浓度与气象要素和大气污染物的相关性,对相关系数进行显著性检验。

4.4.2　空气负离子时空分布

1. 空气负离子的时间分布

(1)空气负离子浓度的年际变化

图 4.18 是空气负离子浓度 2009—2015 年历年平均值折线图,空气负离子浓度 7 年均值为 1730 个/cm³,2012 年年均值最高为 1927 个/cm³,是多年均值的 1.10 倍;2014 年最低为 1392 个/cm³,是多年均值的 0.80 倍;浓度最高年份与浓度最低年份平均相差 535 个,最多年份是最少年份的 1.38 倍。2012 年年均值最高,是因为其降水日数(75 d)、降水量(1234 mm)和雷电次数(28 次)明显多于 2014 年降水日数(60 d)、降水量(352 mm)和雷电次数(20 次),降水会产生大量空气负离子(赵艳佩,2014),而且丰沛的降水对当地的植被生长有利,增加生物放电,会增大地表水体面积,增加空气湿度。

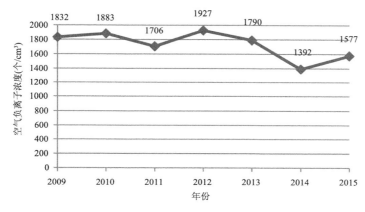

图 4.18　空气负离子浓度的年际变化

若按四季来求平均,7 年各季节空气负离子浓度依次为:夏季 4112 个/cm³、秋季 1821 个/cm³、冬季 377 个/cm³、春季 611 个/cm³,夏、秋季浓度明显大于冬、春季浓度。空气负离子的如此分布,与当地环境和气候有直接关系,因为北戴河地区植被的枯叶期在当年 11 月下旬到次年 4 月中旬,而气象观测站周围植被以高大落叶乔木为主,枯叶期植物光合作用显著降低,冬、春季空气含水量很低,生物放电能力和自由电子与氧气结合能力都受到限制,造成冬、春季节空气负离子浓度显著低于夏、秋季。北戴河海滨夏、秋季受海风影响,冬、春季受陆风影响,海风是向岸风,陆风是离岸风,向岸风会形成较大风浪,利于空气负离子大量生成,因此夏、秋季空气清新,这种特点尤其在海岸线附近更加明显。森林具有低温、高湿、植被生长茂密的特点,释放空气负离子量高,闫秀婧(2010)指出,森林植物生长在其中期的负离子密度是生长初期的 4 倍,而夏秋季正好是北戴河植物生长中期。

(2)空气负离子浓度的月变化

图 4.19 为空气负离子浓度多年(2009—2015 年)月平均值折线图,12 个月中,平均浓度 8 月份最高,为 7785 个/cm³,1 月份最低,为 365 个/cm³。与丛菁等(2010)的研究结论“大连市在季节变化上(使用数据 2008 年 3 月至 2009 年 2 月)表现为冬季负氧离子浓度高,夏季低”相反。冬、春季的月平均浓度除了 5 月份为 992 个/cm³ 以外,都在 500 个/cm³ 以下。图中 8 月

份的空气负离子浓度显著高于其他月份,是浓度次高月份(9月)的2.8倍,明显高于7月和9月。这种现象与8月有利的气候和环境背景有关,因为北戴河8月降水次数和降雨量都是全年的极值,而且8月大气环境也是全年最佳;在8月,单位面积地表面的植被叶片数为全年最高值。除了8月空气负离子浓度最高外,在5—10月,空气负离子浓度也显著高于其他月份。当年11月下旬到次年4月中旬,是北戴河地区植被的枯叶期,测站周围植被以高大落叶乔木为主,枯叶期植物的光合作用显著降低,空气湿度小、降水稀少,生物放电能力和自由电子与氧气结合能力受到限制,造成冬、春季节空气负离子浓度显著降低。

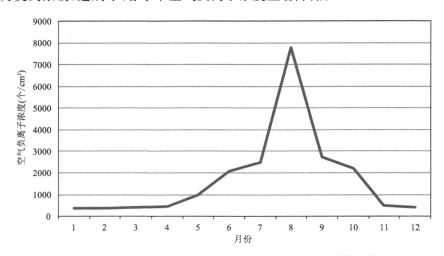

图4.19   2009—2015年北戴河空气负离子浓度月平均值折线图

(3)空气负离子浓度的四季24小时变化

图4.20是北戴河春、夏、秋、冬四季空气负离子浓度24小时的变化折线图,例如春季24小时日变化,是春季00:00、01:00、…、23:00空气负离子浓度的算术平均值。图中左面纵坐标轴代表夏、秋季,右面纵坐标轴代表冬、春季,夏季空气负离子浓度在夜间22:00出现最高值,为8265个/cm³,最低值出现在白天16:00,为1293个/cm³;秋季最高值在20:00,为3412个/cm³,最低值出现在12:00,为628个/cm³;冬季浓度最高值出现在05:00,为591个/cm³,

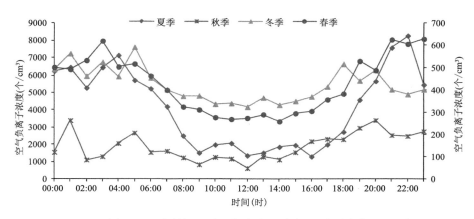

图4.20   北戴河四季空气负离子浓度24小时变化

最低值出现在 12:00,为 324 个/cm³;春季浓度最高值出现在 23:00,为 628 个/cm³,最低值出现在 14:00,为 260 个/cm³。夏季 8:00—18:00 空气负离子浓度较低,夜间明显高于白天;秋季空气负离子浓度白天低于夜间,其 24 小时变化起伏不大;冬季除了后半夜空气负离子浓度较高(另 18:00—20:00 稍高),其他时段都比较低;春季空气负离子浓度则"昼低夜高"比较明显。图 4.20 表明空气负离子浓度在一日之 24 小时变化的四季(春夏秋冬)季节差异十分明显。

(4)旅游旺季空气负离子浓度 24 小时变化

6 月、7 月、8 月 3 个月是北戴河旅游旺季,避暑和休闲疗养是其特点,期间是空气负离子最多的季节,6 月平均浓度为 2064 个/cm³、7 月为 2488 个/cm³、8 月为 7786 个/cm³。图 4.21 中 7 月空气负离子浓度略高于 6 月,8 月空气负离子浓度是 7 月的 3.1 倍,显著高于 6 月、7 月;在夏季,白天 09:00—17:00 的空气负离子浓度低于其他时段,这种差别在 8 月表现得特别明显。空气负离子浓度最高值一般出现在夜间 22:00 至凌晨 06:00。6 月小时平均最低浓度值在 15:00,为 731 个/cm³;7 月是 17:00,为 1011 个/cm³;8 月是 13:00,为 1497 个/cm³,均出现在下午期间。在金山嘴夏季(6 月、7 月、8 月)平均浓度为 6934 个/cm³、联峰山为 8563 个/cm³,空气负离子浓度随时间和地点不同,其差异非常大。

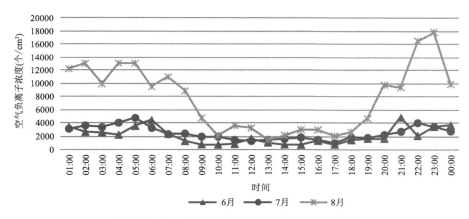

图 4.21　6—8 月北戴河空气负离子浓度日变化

2. 空气负离子空间分布

(1)空气负离子在海边、森林的分布

燕山大学亚稳材料制备技术与科学国家重点实验室李青山教授(李青山 等,2008)在鸽子窝海边、北戴河奥林匹克大道、联峰山、碧螺塔公园 36 号楼、老虎石海上公园、集发观光园共 6 个监测点进行了观测(所用仪器是美国 IC-1000 型空气离子测量仪和日本 AK103 便携式空气离子测量仪)。观测期间(2008 年 2—6 月),北戴河空气负离子浓度的平均值为 2000 个/cm³以上,记录极大值为 14000 个/cm³,极小值为 160 个/cm³。图 4.22 和图 4.23 分别是金山嘴、联峰山空气负离子浓度的月均值折线图。图 4.22 中金山嘴空气负离子浓度年平均值为 3902 个/cm³;图 4.23 中联峰山空气负离子浓度年平均值为 5403 个/cm³,与李青山教授在碧螺塔公园 36 号楼(位于金山嘴)3550 个/cm³、联峰山 4800 个/cm³ 的监测平均值接近,二者可以对照、印证。

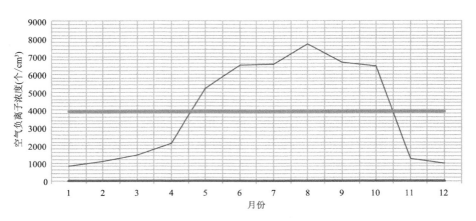

图 4.22　金山嘴空气负离子浓度月变化

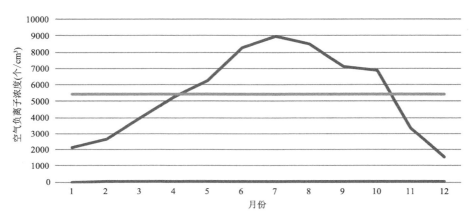

图 4.23　联峰山空气负离子浓度月变化

金山嘴空气负离子浓度月平均最大值为 7700 个/cm³，出现在 8 月，与王薇（2014）的研究结果海边最大为 9560 个/cm³ 比较一致；最低值出现在 1 月，为 797 个/cm³；联峰山空气负离子浓度月平均最大值则出现在 7 月，为 8965 个/cm³，月平均最低值出现在 12 月，为 1538 个/cm³。两个地点的平均最大值和最小值出现时间不同，与它们空气负离子的贡献源有直接关系，蒙晋佳（2005）指出大气电场方向是垂直于地面的，因此树木释放的是负电荷，植物多、植物层次丰富的地方空气负离子就更丰富，金山宾馆空气负离子是海浪水分子破碎（以及部分植物生物放电）释放自由电子而成，而联峰山是高大针叶林（主要是油松、黑松、马尾松等乔木）以及小灌木生物放电产生大量负电荷；人类活动对空气负离子浓度影响较大，空气负离子浓度与人流量、车流量均呈负相关（冯鹏飞 等，2015），而森林是人类居住最少的区域，因此联峰山区域的空气负离子浓度比海边还要大，与来自海岸线的丰富水汽、植被多样性和植被空间层次多息息相关。而且地点不同、自由电子的不同释放方式，也导致金山嘴和联峰山空气负离子浓度极值出现在不同的时间段。按照石强（2004）森林游憩区空气负离子评价标准，对于空气负离子浓度而言，大于 3000 为 1 级，2000～3000 为 2 级，联峰山区域一年合计有 9 个月空气负离子浓度是 1 级，两个月为 2 级，只有 12 月在 2 级以下。

（2）夏季不同地点空气负离子在早、中、晚时段的分布

夏季海滨休闲旅游，一般会有早晨看日出、午后海浴、晚餐后纳凉消暑等休闲程序。表4.7 为北戴河气象观测站、金山嘴（金山宾馆）、联峰山在旅游旺季（7 月、8 月、9 月）早晨、中午和晚上 3 个时段空气负离子浓度的平均值。在观测站，夏季 05:00—07:00，空气负离子浓度为：6 月 3435 个/cm³、7 月 3426 个/cm³、8 月 11200 个/cm³；中午 13:00—15:00，6 月为 861个/cm³、7 月 1646 个/cm³、8 月为 2212 个/cm³；入夜 19:00—21:00，6 月为 2729 个/cm³、7 月为 2266 个/cm³、8 月为 7969 个/cm³。空气负离子浓度，早晨＞傍晚、傍晚＞中午。

在金山嘴和联峰山空气负离子浓度分布规律与观测站情况大致相同，不同的是联峰山空气负离子浓度在 7 月"早、中、晚"3 个时段都是最高值，明显高于 6 月和 8 月。

表 4.7　旅游旺季早、中、晚时段空气负离子浓度（个/cm³）

	北戴河气象观测站			金山嘴			联峰山		
	05:00—07:00	13:00—15:00	19:00—21:00	05:00—07:00	13:00—15:00	19:00—21:00	05:00—07:00	13:00—15:00	19:00—21:00
6 月	3435	861	2729	7340	4925	6833	9413	6891	8214
7 月	3426	1646	2266	7366	4279	7164	10123	7055	8830
8 月	11200	2212	7969	8562	5946	7711	9937	6903	8221

4.4.3　空气负离子与气候背景的关系

空气负离子多寡与生态环境（植被状况、水环境）关系密切，生态环境受气候背景制约，下面分析气候条件对空气负离子的影响。

1. 空气负离子与气象要素的关系

表 4.8 为 2009—2015 年空气负离子浓度历年的年均值与年平均气温、年降雨日数、年降雨量、年雷暴日、年日照时数以及年平均相对湿度的相关关系。相关性计算的结果为：空气负离子浓度与年平均气温负相关，相关系数为 −0.861；与年降雨日数正相关，相关系数为 0.576；与年降雨量为正相关，相关系数为 0.730；与年雷暴日数正相关，相关系数为 0.672；与年日照时数负相关，相关系数为 −0.803；与年平均相对湿度也是正相关，相关系数为 0.246。相关系数表明：年降雨日数、年降雨量、年雷暴日数以及年平均相对湿度的增加，有利于空气负离子生成，而年平均气温越高、年日照时数越多，不利于空气负离子产生。周斌（2011）关于"空气负离子浓度与相对湿度显著正相关，与气温呈负相关，这一点学界已有一定共识"这一结论，与本文空气负离子浓度年平均值与年平均相对湿度正相关、年平均气温负相关一致，但数据并不是本文的"年均值"。对相关系数进行显著性检验，仅年降雨量通过（数据样本可以反映数据总体的相关关系），其他气象要素与空气负离子年值的相关关系不具显著性。这是因为空气负离子浓度年均值只有 7 年，数据总体的样本数少，且无替代（抽样）样本，因此不一定能反映空气负离子年均值数据总体与气候要素数据总体间的真实关联关系。如果空气负离子年均值的数据链再长一些，其相关性的结论可推论到数据总体之间。

表 4.8 北戴河空气负离子浓度与主要气象要素间的关系（$n=49$）

负离子浓度平均值	年平均气温	年降雨日数	年降雨量	年雷暴日	年日照时数	年平均相对湿度
R	−0.861	0.576	0.730	0.672	−0.803	0.246
显著性检验	不显著	不显著	0.031	不显著	不显著	不显著

2. 大气放电（雷电）与空气负离子浓度的关系

图 4.24 是闪电定位仪记录的雷电次数与雷雨时刻空气负离子浓度的关系。横坐标 1～6 表示闪电定位仪记录的雷电过程 6 组数据。左面的纵坐标为空气负离子浓度数值，右面的纵坐标表示闪电次数。6 组雷电过程是从 2009 年到 2015 年的 123 次雷电过程中，按照闪电次数递增顺序，统计出 6 组典型的与闪电次数对应的空气负离子浓度数据。6 组闪电次数的数据分别为 53、117、509、1033、1505、1980 次，对应空气负离子浓度分别为 2020、2486、4311、11236、37451、45570 个/cm³。图 4.24 中闪电次数超过 1000 次时，空气负离子浓度达到 11000 个/cm³ 以上，超过 1500 次时达到 35000 个/cm³ 以上，达到 2000 次以上时超过 45000 个/cm³ 以上。可见雷雨时的大气放电，可以产生巨大数量空气负离子，且以非常小的粒径（统计显示，雷电时，迁移率≥0.4 的空气负离子浓度是迁移率≥1.0 的空气负离子浓度的两倍多）形式存在。之所以如此，是因为雷电一般出现在积雨云（Cumulonimbus）中，积雨云底层存在大量的负电荷，顶层有大量的正电荷，而积雨云是不稳定云系，存在强烈的湍流扰动，在云中过冷层，正负电荷随气流运动，强烈碰撞产生巨大的电流，变现为闪电的形式。这种闪电电流造成过冷水滴被强烈电离，产生巨量的电子附着在水滴表面，随着降水而落到地面，形成底层空气在雷雨时或者雷雨后存在大量的空气负离子。

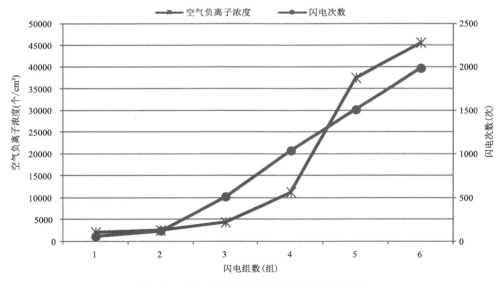

图 4.24 闪电次数与空气负离子浓度的关系

4.4.4　空气负离子与大气污染物的关系

1. 空气负离子与细颗粒物的各月变化关系

各月空气负离子浓度与细颗粒物（$PM_{2.5}$）浓度的关系如图 4.25 的曲线变化可见，细颗粒物（$PM_{2.5}$）浓度低值月份，对应空气负离子浓度高值月份，但是二者峰值有差异（空气负离子浓度 8 月最高，细颗粒物 $PM_{2.5}$ 浓度 7 月最低，不影响总体关系），二者的相关系数为 −0.544，呈负相关关系。图 4.26 为污染物 SO_2、NO_2、CO 和 O_3 的月平均浓度分布折线图，由图 4.19 和图 4.26 可见，空气负离子浓度的高值月份，与 SO_2、NO_2、CO 浓度的低值月份对应；对于 O_3，空气负离子浓度高值月份 O_3 的浓度也相对较高。

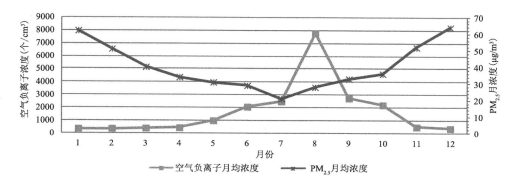

图 4.25　北戴河空气负离子和 $PM_{2.5}$ 浓度月平均值分布

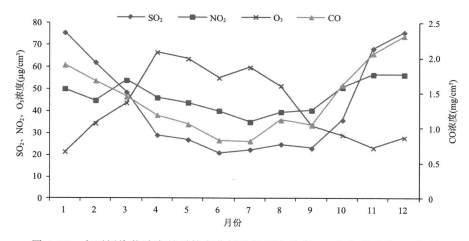

图 4.26　主要污染物浓度月平均变化折线图（CO 单位：mg/m^3，其他为：$\mu g/m^3$）

林金明（2006）《环境、健康与负氧离子》这样论述："空气中负离子的浓度达到 20000 个/cm^3 时，空气中的飘尘量会减少 98% 以上。所以在含有高浓度小粒径空气负离子的空气中，直径在 1 μm 以下危害最大的微尘、细菌、病毒等细颗粒物几乎为零。"空气中的细菌、尘埃和烟雾等是带正电的微粒，它们极易和小粒径（生态级）空气负离子结合成中性粒子球，发生沉降。而 $PM_{2.5}$ 细颗粒物中，直径 1 μm 以下的主要成分由含氮氧化物、硫化物、微尘、细菌和病毒等极细小气溶胶颗粒构成，与空气中做布朗运动的空气负离子有效结合而降落，很大程度消

除 $PM_{2.5}$ 对人体的危害(谭远军 等,2013)。

图 4.26 与图 4.19 对比,尽管显示空气负离子浓度与大气细颗粒物($PM_{2.5}$)浓度是负相关关系,但并不一定表示空气负离子可以去除大气污染。大气污染物主要由阳离子细颗粒物构成,与大气中高浓度的空气负离子结合而沉降,可以抵消一部分空气污染;或者说,只有在空气污染很弱、$PM_{2.5}$ 浓度很低时(空气中正离子与负离子的比值:$q=n+/n-$ 小于 1),即使空气负离子被抵消一部分,依然可以获得很高浓度的空气负离子的存在。因为,只有当空气污染被有效控制、环境(水环境、地表植被)良好,才可以获得清新空气,所以保护生态环境才是根本措施。

2. 空气负离子与主要化学污染物的关系

空气负离子与细颗粒物中的主要化学污染物的关系可见表 4.9,大气中,空气负离子浓度与污染物 NO_2、SO_2、CO 浓度是负相关关系,相关系数分别为 -0.555、-0.569、-0.484,与 O_3 是正相关关系,相关系数是 0.217,与 $PM_{2.5}$ 相关系数为 -0.544,为负相关。对相关性进行显著性检验,表 4.10 中空气负离子与大气主要污染物的 P 值都在 0.01 和 0.05 之间,表明相关性显著,空气负离子样本与污染物样本的正、负相关关系具有明显的(抽样)可重复性,表示空气负离子浓度的数据总体与主要污染物浓度的数据总体是反位相的。与前面的空气负离子年均值(7 个)不同的是,空气负离子月均值的样本数(84)明显多于年均值,其显著性检验可以反映样本总体的规律。

表 4.9　北戴河空气负离子浓度与主要污染物的关系
(样本数 $n=72$,CO 单位:mg/m^3,其他为:$\mu g/m^3$)

主要污染物	NO_2	SO_2	CO	O_3	$PM_{2.5}$
相关系数 R	-0.55536	-0.56898	-0.48375	0.21683	-0.54429
P 值(皮尔逊值)	0.0191	0.0189	0.0166	0.0185	0.0189

4.4.5　更小的小离子和小离子浓度差异

迁移率 $k=1.0$(更小的小离子)和迁移率 $k=0.4$(小离子)的空气负离子浓度差异见表 4.10,表 4.10 是 2009—2015 年迁移率 $k=1.0$ 和 $k=0.4$ 的空气负离子浓度各月平均值及空气月平均相对湿度。

表 4.10　迁移率 $k=1.0$ 和 $k=0.4$ 的空气负离子浓度(个/cm^3)各月平均值及空气月平均相对湿度(%)

月	1	2	3	4	5	6	7	8	9	10	11	12
迁移率:$k=1.0$ 的质量浓度	365	371	402	439	992	2064	2488	7786	2736	2217	512	396
迁移率:$k=0.4$ 的质量浓度	474	482	523	615	1587	3509	5722	9343	5746	3990	614	515
月平均相对湿度	55	62	59	62	66	83	87	86	78	71	61	54

表中迁移率 $k=0.4$ 的空气负离子,其夏季平均浓度为 6191 个/cm^3,为迁移率 $k=1.0$ 浓度(4112 个/cm^3)的 1.5 倍;秋季为 3450 个/cm^3,是迁移率 $k=1.0$(1821 个/cm^3)的 1.9 倍;冬季平均浓度为 490 个/cm^3,为 $k=1.0$(377 个/cm^3)的 1.3 倍;春季平均浓度为 908 个/cm^3,为 $k=1.0$(611 个/cm^3)的 1.5 倍。北戴河测站 2009—2015 年的年平均相对湿度为 69%,表 4.11 中,空气相对湿度在 69% 以上时,迁移率 $k=1.0$ 和迁移率 $k=0.4$ 的空气负离子浓度都

非常高,平均浓度为 2965 个/cm³ 和 5662 个/cm³,且迁移率 $k=0.4$ 的小离子浓度明显高于迁移率 $k=1.0$ 的更小的小离子浓度,二者相差 1.9 倍;相对湿度在 69% 以下时,迁移率 $k=1.0$ 和迁移率 $k=0.4$ 的空气负离子浓度都明显偏低,且二者浓度差异不大,分别为 497 个/cm³ 和 687 个/cm³。

4.4.6　讨论

空气负离子浓度与环境因子关系密切,尤其生态环境的作用是决定性的。北戴河滨海区的自然生态环境,决定了空气负离子的高浓度,分析其影响,可能有几种原因所致。

1. 海洋的贡献

海岸线地貌呈现岩石和砂质(花岗岩砂粒)结构,其夏季盛行西南风,海岸线走向大致呈东北—西南向,风向从正面吹向海岸,造成海浪直接冲击海岸,海浪拍击礁石或砂粒,海水破碎后溅起的水花中产生大量自由电子,小水滴中的电子会飞入空气中与氧气结合,产生空气负离子。海陆差异产生的海陆风,对空气负离子产生也非常有利。冬季主导风向为北风,风浪为离岸方向,并且隆冬季节海岸线基本被海冰覆盖,不利于空气负离子产生。

2. 人口等因素

北戴河区域面积 70.14 km²,北戴河建城区绿化覆盖率 59.22%,非建城区绿化覆盖率 73.64%,人均公共绿地达 54.49 m²,总人口为 130104 人,居住分散,城区人口密度明显低于其他城市的城区人口密度。人口和城市代谢物(废水、废气、废物)少、无烟型产业多,利于空气负离子生成。

3. 生态环境

曲折弯曲的海岸线、大面积滩涂、起伏的丘陵地貌、多样性的植被,以及海陆风气候对于空气负离子的产生起关键性作用。

4. 综合影响

海浪拍击岩石或海岸,使水分子破碎释放自由电子;高大针叶林生物放电;植物分泌物对空气电离的催化;光合作用释放氧气;湿地水体的水汽蒸发湿润空气等综合作用,强化了空气负离子释放。气候、海洋、植被、起伏的地形等大背景,决定了空气负离子浓度年际特征和月平均变化规律,其中气候、植物生长,决定了夏、秋季空气负离子浓度明显大于冬、春季。

4.4.7　结论

(1)北戴河空气负离子浓度多年平均值为 3678 个/cm³(3 个站点平均),夏、秋季浓度明显高于冬、春季。北戴河观测站和金山嘴空气负离子浓度 8 月最高,1 月最低;联峰山空气负离子浓度最大值出现在 7 月、最小值出现在 12 月。空气负离子浓度日变化,白天浓度明显小于夜间,一般最高值出现在夜间或早晨,最低值出现在中午到下午之间。3 个测站对比,明显表现为越靠近海边、下垫面植被越多,空气负离子浓度越高。

(2)空气负离子年平均浓度与年雨日数、年总降雨量、年雷暴日数、年平均相对湿度正相关;与年平均气温、年日照时数负相关。相关性检验,除了与年降雨量显著外,空气负离子年平均浓度与其他气象要素年均值的相关性并不显著或不关联。雷雨天气对空气负离子的释放贡献巨大。

（3）空气负离子浓度与细颗粒物 $PM_{2.5}$ 浓度以及污染物 NO_2、SO_2、CO 浓度负相关，与 O_3 浓度正相关，且通过显著性检验。要维持高浓度的空气负离子状态，需要良好的空气质量，因此加强环保、保护生态环境十分重要。

（4）迁移率 $k=0.4$（小离子）的空气负离子，其年均浓度（2760 个/cm^3）是迁移率 $k=1.0$（更小离子）的空气负离子年均浓度的 1.6 倍。在夏、秋季，是迁移率 $k=1.0$ 的空气负离子年均浓度 1.7 倍；在冬、春季为 1.4 倍。

第 5 章　气象条件对呼吸系统疾病(儿童)的影响研究

呼吸系统疾病是儿童最常见、危害较大的疾病,处于生长发育期的儿童,其呼吸系统对天气变化有更高的敏感度,极易感病进而影响健康。呼吸系统疾病主要包括上呼吸道感染及下呼吸道感染。研究表明,社区获得性肺炎是全球范围内的疾病,同时也是造成 5 岁以下儿童死亡的首要原因(李乐,2016;马慧轩,2015)。感染呼吸系统疾病对儿童的身体健康造成极大的危害,针对这种情况,最好的方法是加强预防,尽量避免儿童感染,因此,对呼吸系统疾病的发病机理、诱发因素、发生流行条件的研究十分必要。本章应用医学资料与同期气象要素,利用 EmpowerStats 统计分析软件(陈常中 等,2016)分析了气象条件与儿童呼吸系统疾病的关系,建立了广义相加模型分析,并利用逐步回归分析及 BP 人工神经网络方法分别建立本地儿童下感疾病就诊人数预报模型。结果表明,气象条件与呼吸系统疾病的发生有密切关系,但不同研究方法得出的结论有一定差异。

5.1　利用 EmpowerStats 统计分析软件开展分析

5.1.1　资料说明

儿童呼吸系统疾病住院病例资料来源于秦皇岛市妇幼保健院儿科 2013 年 1 月至 2016 年 8 月(患儿年龄不超过 14 周岁,无详细年龄资料)国际疾病编码分类 ICD-10 中所包含 J00—J99 的呼吸系统疾病住院病例,该院是秦皇岛市唯一一家三甲等级妇幼医院,是秦皇岛市儿童疾病诊治的首选医院,具有很好的代表性。

研究所用气象、环境要素代表符号如下:日平均气温(T)、日最高气温(T_{max})、日最低气温(T_{min})、24 小时变温(BT)、气温日较差(TC)、降水量(RR)、日平均气压(P)、日最高气压(P_{max})、日最低气压(P_{min})、日平均相对湿度(RH)、空气质量指数(AQI)。

滞后天数及滞后日平均要素值、滞后滑动累积平均要素值的表达:以 lags 表示滞后天数,$s=0\sim6$;X_{lags} 表示患者住院当日或滞后 $1\sim s$ d 的 X 要素日平均值;$X0\sim s$ 表示当日至滞后 $1\sim s$ d 的滑动累积平均要素值,例如,T_{lag2} 表示滞后 2 d 的日平均气温,$T_{0\sim2}$ 表示当日至滞后2 d 的滑动累积平均气温。

5.1.2　研究方法

1. 广义相加模型

基于时间序列的广义相加模型(Generalized Addictive Model,GAM)是广义线性模型(Generalized Linear Model,GAM)的扩展(陈林利 等,2006),是近年国际上通用的危险度评价方法,适用于多种分布资料,可以处理发病效应与影响因子间复杂的非线性关系,调节时间序列的长期趋势,去除节假日、星期几效应及其他混杂因素的影响。近年来,该模型广泛应用于医疗气象研究等方面。GAM 的基本形式为:

$$g(\mu_i) = \beta_0 + f_{1(x_{1i})} + f_{2(x_{2i})} + f_{3(x_{3i})} + \cdots \tag{5.1}$$

式中:$g(\mu_i)$ 代表连接函数关系,$f_{1(x_{1i})}$、$f_{2(x_{2i})}$、$f_{3(x_{3i})}$ … 代表各种解释变量的非参数平滑函数,包括平滑样条(smoothing spline)、自然立方样条(natural cubic spline)和局部回归平滑(local regression)等。

对于秦皇岛市常驻人口而言,发病住院人数为小概率事件,其实际分布近似泊松分布(Poisson Distribution)(Morgan,2003)。因此,本研究采用基于时间序列的泊松广义相加模型,控制时间序列中气象因素、长期趋势和节假日、星期几哑变量等混杂要素的影响,根据赤池信息量准则(Akaike Information Criterion,AIC)(陈林利 等,2006),由 Empowerstats 软件自动引入变量对应的自由度,当 AIC 最小时,模型的拟合优度最好,由此确定变量的最佳自由度。

2. EmpowerStats 统计分析软件

EmpowerStats 统计分析软件是由美国 X&Y Solutions 软件公司研发的一套全新设计的流行病学数据统计分析软件。软件首先扫描数据关联关系,挖掘与入院人数相关性好的因子作为暴露指标;其次通过协变量检查与筛选,找出混杂因子以控制其影响,协变量检查与筛选标准是:在基本模型中引进协变量或在完整模型中剔除协变量对 X 回归系数的影响 >10% 或者协变量对 Y 回归系数 P 值 <0.05;第三,分析研究因素对结局变量的作用有无阈值效应,对于非线性相关的因子进行平滑曲线拟合。通过平滑曲线拟合,发现危险因素与结局变量有无分段式的关系,然后采用回归模型、LRT 检验和 Bootstrap 重抽样法进行阈值效应分析。拟合曲线拐点确定方法是采用递归实验法找出似然值最大的拟合模型;第四,将关键影响因子带入广义相加模型,控制时间长期趋势、年份、季节,调整节假日和星期几效应,定量分析阈值范围内关键影响因子变化 1 个单位时,发病入院人数变化的相对危险度(Relative Risk,RR)及其95% 的置信区间(95% Confidence Interval,CI),定量评估关键影响因子变化对发病入院人数的影响。

5.1.3　儿童呼吸系统疾病入院人数和气象环境要素分布特征

2013 年 1 月至 2016 年 8 月发病入院病例共计 21879 人次,其中男童占 60.3%,女童占39.7%。由入院人数与环境气象要素的统计特征(表 5.1)可见,日入院总人数 4～36 人次,平均 16.3 人次。同期日平均气温 −16.3～29.3 ℃,平均 11.0 ℃;气压、相对湿度、降水量、风速和空气质量指数特征详见表 5.1。

表 5.1　2013 年 1 月至 2016 年 8 月儿童呼吸系统疾病入院人次特征

指标	日均值	标准差	范围	P25	P50	P75
总人群(人次)	16.3	4.3	4～36	13	16	19
男童(人次)	9.9	3.3	1～26	8	10	12
女童(人次)	6.5	2.6	0～20	5	6	8

注:P25、P50、P75 分别表示第 25、50、75 百分位数。

由逐月日平均入院人数及月平均气温变化(图 5.1)可见,日均入院人数 7 月最多达 18 人次,9月最少为15人次,月变化特征最突出的表现是入院人数在3月、7月和10月呈现明显的阶段性高峰,这可能与引发呼吸系统疾病的流感病毒、呼吸道合胞病毒的活跃期有关。Welliver(2007)研究发现,呼吸道合胞病毒的活动与气温的关系成双峰型,在$2\sim6$ ℃和$24\sim30$ ℃最强。由图5.1可见,3月平均气温为3.8 ℃,7月为24.6 ℃,气温条件非常适宜呼吸道合胞病毒活动,这可能是入院人数跃增的主要原因;另外,统计分析发现,导致10月入院人数跃增的时段主要在10月最后一候,此时的候平均气温为6.9 ℃,尤其是2015年只有4.6 ℃,相应时段的日均入院人数分别为20和24人次,而10月1～5候的平均气温为$11.2\sim15.4$ ℃,入院人数为14～16人次,入院人数跃增时段气温条件与呼吸道合胞病毒的活跃期气温一致。以上分析表明,秦皇岛市儿童呼吸疾病入院人数受气温变化影响较大,但是,我国儿童呼吸系统疾病东北地区流行于秋、冬寒冷季节,华南地区高发于夏、春两季,而秦皇岛市一年四季均有发生,季节性变化规律不明显,存在发病入院阶段性高峰期,这可能与秦皇岛的地理位置和沿海气候有关。秦皇岛市位于河北省东北部,南滨渤海北依燕山,属于暖温带半湿润季风型气候,其特点是四季分明,冬季冷而干燥,夏季多海风,潮湿凉爽,春、秋季日照充沛温暖适中。

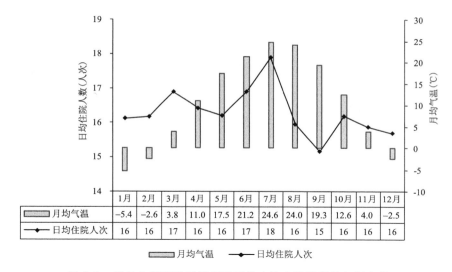

	1月	2月	3月	4月	5月	6月	7月	8月	9月	10月	11月	12月
月均气温	−5.4	−2.6	3.8	11.0	17.5	21.2	24.6	24.0	19.3	12.6	4.0	−2.5
日均住院人次	16	16	17	16	16	17	18	16	15	16	16	16

图 5.1　逐月儿童呼吸系统疾病日均入院人数及月均气温变化

研究发现,气温波动和极端气温可诱发或加重呼吸道疾病(周启星,2006;Curriero et al.,2002;Haines et al.,2000),热浪天气可使疾病加重甚至死亡(Stafoggia et al.,2006;Baccini et al.,2008),低温天气有利于流感病毒的传播和存活(Lowen et al.,2007)。由日入院人数和日均气温的逐日分布(图5.2)可见,二者间的变化特征与上述研究结果较为一致,当气温偏高、偏低及震荡剧烈时,入院人数相应较多,提示秦皇岛市气温与儿童呼吸系统疾病入院人数之间可能存在非线性相关关系。

5.1.4　关键影响因子及混杂因子的筛选

扫描影响因子与入院人数关联关系发现,气温日较差、日平均气压、气压日较差、日降水量、日平均风速、日最大风速、空气质量指数、日平均相对湿度等因子与儿童呼吸系统疾病入院人数相关性($P > 0.05$)不显著(图 5.3a~h),而日平均气温存在较为显著的相关性($P = 0.012$)(图 5.4)。图 5.3、图 5.4 中,横坐标为各因子的变化,纵坐标为不良结局发生率,即儿童呼吸系统疾病发病入院的发生率。

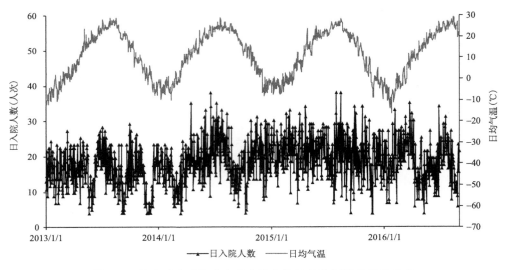

图 5.2　儿童呼吸系统疾病日入院人数及日均气温的逐日分布

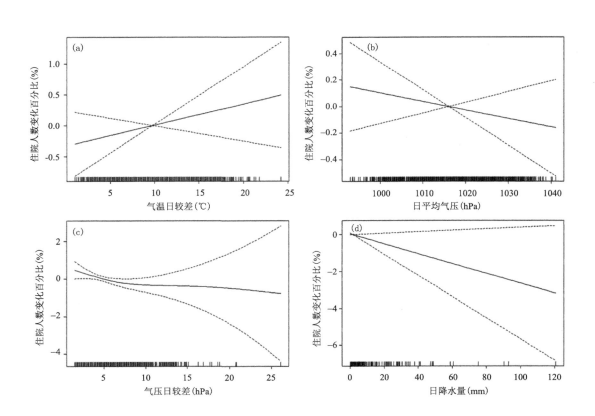

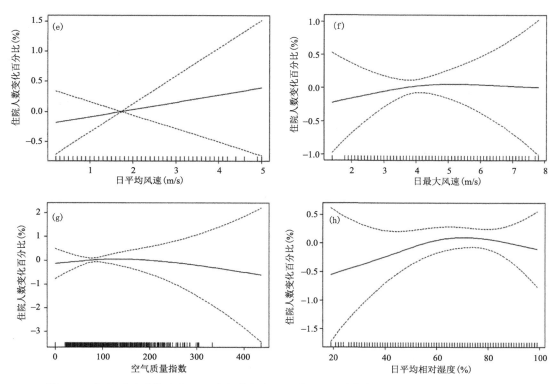

图 5.3　儿童呼吸系统疾病日入院人数与气温日较差、日平均气压、气压日较差、日降水量、
日平均风速、日最大风速、空气质量指数、日平均相对湿度的关联关系拟合图（a～h）

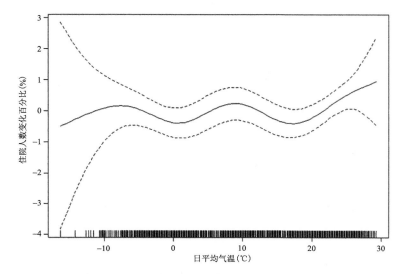

图 5.4　儿童呼吸系统疾病日入院人数与日平均气温的关联关系拟合

基于以上数据拟合结果,确定秦皇岛市气温为对本地儿童呼吸系统疾病发病影响较大的关联影响因子,由于气象环境因素对人体健康的影响具有滞后性和累积性,大部分影响因素的累积效应比当日效应对人体健康的影响更大(王金玉 等,2019)。因此,为了筛选发病入院人数的关键影响因子,选择患者入院当日(lag0)及滞后1~6 d(lag1~lag6)的日平均气温(T_{lag0} ~ T_{lag6}),以及当日至滞后1~6 d滑动累积平均气温($T_{0\sim1}$ ~ $T_{0\sim6}$)作为入选因子,进行初步的影响效应分析,得出上述各因子对入院人数影响的相对危险度及95%置信区间(95% CI)(图5.5),可见,滞后累积效应普遍大于单纯滞后效应,这说明气温对疾病的影响确实存在滞后和累积效应,其中,$T_{0\sim2}$效应最大,因此,选取 $T_{0\sim2}$ 作为关键影响因子对入院人数的影响进行深入定量分析。

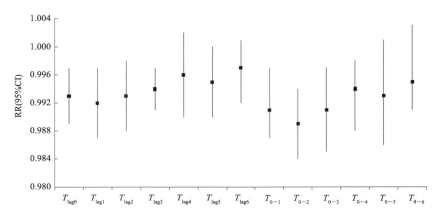

图5.5 滞后0~6 d日平均气温和当日至滞后1~6 d滑动累积平均气温对入院
人数影响的相对危险度及95% 置信区间

为了控制其他环境气象要素的混杂影响,运用软件协变量筛查模块对气压、相对湿度、降水量、风速和 AQI 等要素当日至滞后2 d的滑动累积平均值进行协变量筛查,按照在基本模型中引进协变量或在完整模型中剔除协变量对 $T_{0\sim2}$ 回归系数的影响>10%的筛选标准,得出气压和相对湿度为协变量,在分析 $T_{0\sim2}$ 与入院人数的定量关系时应在模型中进行控制。

5.1.5 呼吸系统疾病(儿童)与气象、环境要素的关联

1. 呼吸系统疾病(儿童)与气象、环境要素的整体关系

图5.6是控制时间长期趋势、节假日及星期几效应,以及当日至滞后2 d的滑动累积平均气压和相对湿度的混杂后,当日至滞后2 d的滑动累积平均气温与住院总人群(儿童)、男童、女童的暴露—反应关系,图中实线为拟合曲线,虚线为拟合曲线的95%置信区间(95% CI)。由图5.6可见,$T_{0\sim2}$与住院人数间存在非线性相关关系,3条拟合曲线均呈双谷型,存在两个低值点,此处的气温影响最小,可称为最适气温。在最适气温高温侧气温升高以及最适气温低温侧气温降低,发病住院的危险度均增大,影响效应强度不同。

2. 冷季、暖季当日至滞后2 d的滑动累积平均气温 $T_{0\sim2}$ 与入院人数的暴露—反应关系

由于两个最适气温分别处于冷、暖不同季节,为了排除不同季节相同气温的相互干扰,有必要将时间分成冷季和暖季进一步分层分析。根据秦皇岛市旬平均气温30 a(1981—2010

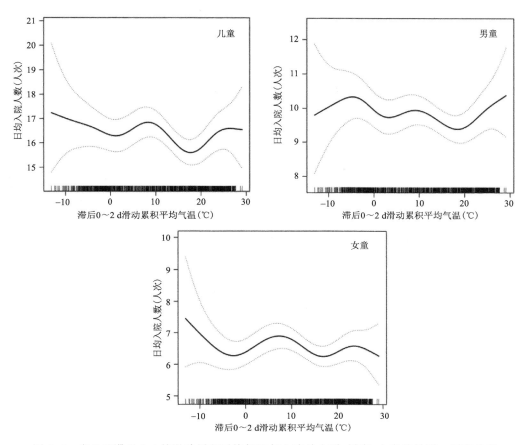

图 5.6   当日至滞后 2 d 的滑动累积平均气温与入院总人群、男童、女童的暴露—反应关系

年)标准气候值,以旬平均气温 10 ℃为基准,将 4 月中旬至 10 月下旬定为暖季,11 月上旬至次年 4 月上旬定为冷季。

图 5.7 是将时间按冷、暖季分层后,$T_{0\sim2}$ 与各人群入院人数的暴露—反应关系,图中实线为冷季平滑拟合曲线,虚线为暖季平滑拟合曲线。可见,$T_{0\sim2}$ 与总人群的拟合曲线在冷季和暖季均呈近似"V"型曲线,随着 $T_{0\sim2}$ 由低到高,住院人数先降后升;男童在冷季呈现升—降—升的近似"N"型曲线,在暖季呈近似"V"型曲线;女童在冷季呈近似"V"型曲线,在暖季呈降—升—降的近似倒"N"曲线图形分布特征,各人群在冷季和暖季分别存在一个最适气温,入院人数分别随着低温侧气温降低、高温侧气温升高而增加。总人群的曲线在高温时比低温时变化幅度大,表示高温的效应比低温的强。男童在冷季、总人群及女童在暖季的拟合曲线还分别存在一个饱和点,称此处气温为拐点气温。通过阈值及饱和效应分析,找到最适气温和拐点气温,见表 5.2,最适气温和拐点气温两侧曲线的对数似然比检验均小于 0.05,说明两侧的相关效应存在差异。

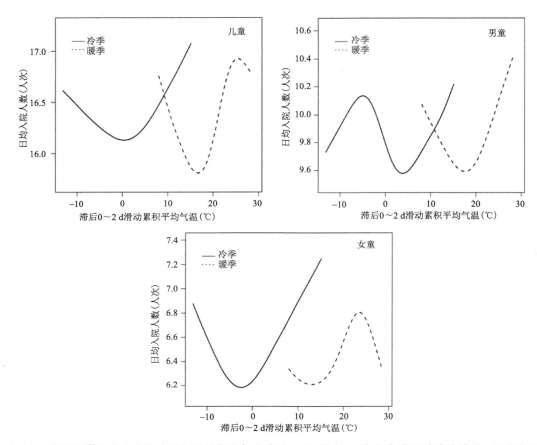

图 5.7   当日至滞后 2 d 的滑动累积平均气温与入院总人群、男童、女童在冷季和暖季的暴露—反应关系

表 5.2   当日至滞后 2 d 的滑动累积平均气温在冷季、暖季与入院人数暴露—反应关系曲线的
最适气温及拐点气温

项目	冷季		暖季	
	拐点气温(℃)	最适气温(℃)	拐点气温(℃)	最适气温(℃)
总人群	—	1.8	26.1	16.3
男童	−4.5	4.0	—	16.3
女童	—	−2.9	24.3	16.5

结合表 5.2 和图 5.7 可见:在冷季,各人群的最适气温各不相同,总人群为 1.8 ℃,男童为 4.0 ℃,女童为−2.9 ℃,女童低于男童;在暖季,各人群的最适气温较为一致,为 16.3 ℃和 16.5 ℃。呼吸系统发病的最适气温在不同地区差异较大,对于全人群(不分年龄及性别),挪威奥斯陆市因呼吸疾病死亡的最适气温为 10 ℃,伦敦地区死亡和急诊的最适温度为 5 ℃ (Kovats et al.,2004),北京市急诊的男、女最适温度均为 4 ℃(莫运政 等,2012),不同的原因除了住院、急诊和死亡病例特征具有差异外,还可能与不同地区的气候特点及各人群的气候适应性不同有关。

3. 冷季、暖季当日至滞后 2 d 的滑动累积平均气温 $T_{0\sim2}$ 与入院人数的关联结果

动物实验表明,冬季大鼠肺组织表面活性蛋白 A 和白细胞介素 6 的表达水平显著低于秋季(卢志刚 等,2010),揭示不同的气温条件可能对某些致病微生物的活性程度以及对呼吸系统的免疫功能或生理状态产生一定影响,从而增大发病风险。

在调整了时间长期趋势、节假日及星期几效应,控制了气压、相对湿度的混杂后,各人群在冷季、暖季不同的气温阈值区间内随着 $T_{0\sim2}$ 的变化,发病入院相对危险度(RR)及其 95% 的置信区间(95% CI),以及相应的超额危险度(ER,ER=RR-1)结果见表 5.3。其中,RR>1,表示随着气温升高,发病危险度呈增加趋势;RR<1,表示随着气温升高,发病危险度呈减小趋势。在冷季,$T_{0\sim2}$ 在最适气温低温侧每下降 1 ℃,或者在高温侧每上升 1 ℃,总人群、男童、女童发病入院人数变化分别为增加 0.5% 和 0.8%、1.5% 和 1.5%、2.2% 和 1.0%,总人群低温侧 P 值未通过显著性检验,性别分层后 P 值都小于 0.05,具有统计意义;男童、女童 ER 效应值由大到小依次为低温侧女童>低温侧男童=高温侧男童>高温侧女童,表明虽然女童的最适气温较男童低,但是当 $T_{0\sim2}$ 低于最适气温时,女童对气温变化的敏感度高于男童。在暖季,当 $T_{0\sim2}$ 在最适气温低温侧每下降 1 ℃,或者在高温侧每上升 1 ℃,总人群、男童、女童 ER 分别为 1.1% 和 1.4%、1.4% 和 1.5%、0.9% 和 1.9%,与冷季相同,总人群低温侧 P 值未通过显著性检验,性别分层后 P 值都小于 0.05,具有统计意义,ER 由大到小依次为高温侧女童>高温侧男童>低温侧男童>低温侧女童,当 $T_{0\sim2}$ 高于最适气温时,女童对气温变化的敏感度高于男童,当 $T_{0\sim2}$ 低于最适气温时,男童敏感度大于女童。分别对冷季、暖季内总人群、男童、女童入院人数进行交互作用检验,检验结果 P 值均不显著,说明无性别交互作用,RR 存在显著的性别差异。综合分析,女性在冷季低温侧和暖季高温侧效应值均较大,在暖季低温侧和冷季高

表 5.3　冷季、暖季当日至滞后 2 d 的滑动累积平均气温每上升 1 ℃,儿童呼吸系统疾病发病入院相对危险度 RR

季节	人群	$T_{0\sim2}$ 阈值(℃)	RR	95% CI	ER(%)	P
冷季	总人群	<1.8	0.995	0.988~1.002	0.5	<0.1538
		≥1.8	1.008	1.001~1.015	0.8	<0.0205
	男童	<-4.5	1.016	0.993~1.040	1.6	<0.1725
		≥-4.5 且<4.0	0.985	0.971~0.998	1.5	<0.0350
		≥4.0	1.015	1.004~1.027	1.5	<0.0101
	女童	<-2.9	0.978	0.959~0.997	2.2	<0.0236
		≥-2.9	1.010	1.004~1.017	1.0	<0.0024
暖季	总人群	<16.3	0.989	0.972~1.007	1.1	<0.2286
		≥16.3 且<26.1	1.014	1.006~1.023	1.4	<0.0009
		≥26.1	0.972	0.881~1.006	2.8	<0.0763
	男童	<16.3	0.986	0.975~0.997	1.4	<0.0293
		≥16.3	1.015	1.006~1.025	1.5	<0.0013
	女童	<16.5	0.991	0.963~0.999	0.9	<0.0493
		≥16.5 且<24.3	1.019	1.001~1.037	1.9	<0.0389
		≥24.3	0.961	0.922~1.001	3.9	<0.0585

温侧效应最小,而男性无论在冷季还是暖季,低温侧和高温侧的效应值基本相同,介于女性效应最大和最小之间,说明女性对气温偏高和偏低时的敏感性都高于男性,即对冷季气温下降及暖季气温升高时的耐受程度均低于男性,相对更为脆弱。对于性别产生的效应差异,可能受男女不同的生理特性和活动习惯的影响,总体来说,不同性别人群对气温变化的适应程度存在显著差异,进行疾病预防时应有所侧重。总人群在暖季、男童在冷季、女童在暖季分别存在一个入院人数饱和点,即在气温高于 26.1 ℃时总人群的拟合曲线(图 5.7 总人群虚线)或者低于－4.5 ℃时男童的拟合曲线(图 5.7 男童实线)以及气温高于 24.3 ℃时女童的拟合曲线(图 5.7 女童虚线)均呈下降态势,超额危险度 ER 总人群效应值偏大(2.8%),男童维持稳定的效应值(1.6%),而女童为 3.9%,是各季节、各人群最大效应值,表明疾病发生率快速下降,但是均未通过 0.05 显著性检验,可能是由于样本量相对偏少所致。

呼吸系统疾病病种较多,发病原因或诱因较为复杂,由于样本量所限,未进行主要病种的分层分析,且由于无法得到流感爆发疾病资料,没有对此进行控制。另外,病例资料无年龄项,因此,未能进行年龄分层分析,研究结果有待进一步检验。

5.1.6　协变量对儿童呼吸系统疾病入院人数的影响

协变量不是健康终点的关键影响因素,但是对因变量仍然有影响。

1. 气压对儿童呼吸系统疾病入院人数的影响

调整了时间长期趋势、节假日和星期几效应,以及气温等混杂后,分析气压对入院人数的影响,发现其存在滞后效应,滞后两日的日均气压($P_{\log_2}$)对住院人数的影响最显著。日发病人数对 $P_{\log_2}$ 的响应为近似宽口"U"型曲线(图 5.8),存在阈值饱和效应。通过饱和阈值效应分析,拟合曲线拐点为 1013.6 hPa,分析结果见表 5.4。

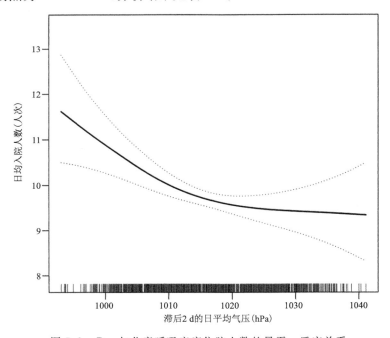

图 5.8　$P_{\log_2}$ 与儿童呼吸疾病住院人数的暴露—反应关系

表 5.4　2013—2016 年秦皇岛滞后 2 d 平均气压变化与儿童呼吸疾病日住院人数的拟合结果

指标	β	RR	95%CI	P 值
$P_{\log_2} \leqslant 1013.6$ hPa	-0.010	0.990	$0.983 \sim 0.996$	0.0020
$P_{\log_2} > 1013.6$ hPa	-0.001	0.999	$0.996 \sim 1.003$	0.7626

　　β 为回归系数,RR 和 95%CI 分别为滞后 0~2 d 滑动累积平均气压在阈值区间每上升 1% 研究人群住院人数增加的相对危险度及 95% 的可信区间。

　　结合表 5.4 与图 5.8 可见,当 $P_{\log_2} \leqslant 1013.6$ hPa 时,$\beta < 0$,RR < 1,表明随着 $P_{\log_2}$ 的降低,儿童呼吸疾病入、住院人数增加,其发病住院的相对危险度呈上升趋势,随着 $P_{\log_2}$ 每下降 1 hPa,住院风险增加 1.0% ;当 $P_{\log_2} > 1013.6$ hPa 时,日住院人数随 $P_{\log_2}$ 的变化不显著。

　　通过性别分层来,女童呼吸疾病对 $P_{\log_2}$ 的响应为负向关系,表现为随着 $P_{\log_2}$ 增大,发病风险为下降趋势,但影响不显著(图略);$P_{\log_2}$ 与男童呼吸疾病住院人数之间存在非线性相关关系(图 5.9)。

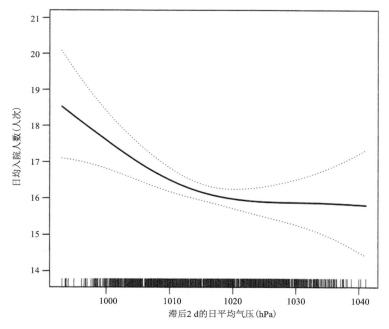

图 5.9　$P_{\log_2}$ 与男童呼吸疾病住院人数的暴露—反应关系

　　通过饱和阈值效应分析,滞后 2 d 平均气压变化与男童呼吸疾病日住院人数的拟合曲线拐点为 1013.9 hPa,与儿童总人群体拐点相近,分析结果见表 5.5。

表 5.5　2013—2016 年秦皇岛滞后 2 d 平均气压变化与男童呼吸疾病日住院人数的拟合结果

指标	β	RR	95%CI	P 值
$P_{\log_2} \leqslant 1013.9$ hPa	-0.013	0.987	$0.979 \sim 0.995$	0.0018
$P_{\log_2} > 1013.9$ hPa	0.000	1.000	$0.995 \sim 1.004$	0.9037

结合表 5.5 与图 5.9 可见,当 $P_{\log_2} \leqslant 1013.9$ hPa 时,$\beta < 0$,RR< 1,表明随着 $P_{\log_2}$ 的降低,男童呼吸疾病入、住院人数增加,其发病住院的相对危险度呈增加趋势,$P = 0.0018$ 表明该趋势是显著的;当 $P_{\log_2} > 1013.9$ hPa 时,日住院人数随 $P_{\log_2}$ 的变化不显著,分析结果与儿童反应相似。

在秦皇岛地区,气压低于 1014 hPa 时主要是在夏半年(4—9 月),尤其是 6—8 月,气压基本为全年最低,对应较多的发病人数。研究表明,当气压下降时氧分压随之降低,大气中的氧分压与人体肺泡之间的氧分压缩小,影响肺泡气体的交换和血液携氧与结合氧在组织中的释放速度,导致机体供氧不足,人体的抵抗力减弱,病毒容易入侵;另外,夏季低压潮湿天气利于细菌、病毒等的生长繁殖,从而造成传播感染(Leitte et al.,2009)。

2. 相对湿度对儿童呼吸系统疾病入院人数的影响

调整了时间长期趋势、节假日和星期几效应,以及气温等混杂后,分析相对湿度对入院人数的影响,发现其存在滞后累积效应,滞后 0～2 d 的滑动累积平均湿度(RH$_{0\sim2}$)对日发病人数的影响较为显著。RH$_{0\sim2}$ 与儿童住院人数间存在非线性相关关系(图 5.10),暴露—反应曲线存在阈值饱和效应。

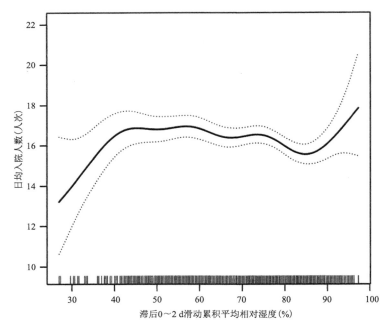

图 5.10   RH$_{0\sim2}$ 与儿童呼吸疾病住院人数的暴露—反应关系

通过饱和阈值效应分析,滞后 0～2 d 滑动累积平均相对湿度变化与住院人数的拟合曲线有两个拐点,分别为 48% 和 88%,拟合结果见表 5.6。

表 5.6   滞后 0～2 d 滑动累积平均相对湿度变化与儿童呼吸疾病日住院人数的拟合结果

指标	β	RR	95%CI	P 值
RH$_{0\sim2}$≤48%	0.009	1.009	1.002～1.017	0.0157
48%<RH$_{0\sim2}$≤88%	−0.002	0.998	0.996～0.999	0.0047
RH$_{0\sim2}$>88%	0.023	1.023	0.995～1.052	0.1103

β 为回归系数,RR 和 95％CI 分别为滞后 0～2 d 滑动累积平均相对湿度在阈值区间每上升 1％研究人群住院人数增加的相对危险度及 95％ 的可信区间。

结合表 5.6 与图 5.10 可见,当 $RH_{0～2}\leqslant48％$ 时,$\beta>0$,RR>1,表明随着 $RH_{0～2}$ 的增加,儿童呼吸疾病入住院人数增加,其发病住院的相对危险度呈增加趋势,随着相对湿度每增加 1％,住院风险增加 0.9％,$P=0.0157$ 表明该趋势是显著的;当 $RH_{0～2}>48％$ 且 $\leqslant88％$ 时,$\beta<0$,RR<1,说明随着 $RH_{0～2}$ 的增加,住院风险下降 0.2％,入院人数呈微弱减少趋势,$P=0.0047$ 表明该趋势是显著的;当 $RH_{0～2}>88％$ 时,$\beta>0$,RR>1,日住院人数随着 $RH_{0～2}$ 的增大呈骤然增加态势,但是二者之间关系未通过显著性检验,可能受样本数量偏少影响(83 例除以 1338 例=6.2％)。

从性别分层来看,男童呼吸疾病对 $RH_{0～2}$ 的响应为负向关系,表现为随着 $RH_{0～2}$ 增大,发病风险成下降趋势,影响不显著;与女童呼吸疾病住院人数之间存在非线性相关关系(图 5.11),与儿童不同的是,女童的拟合曲线只有一个拐点。

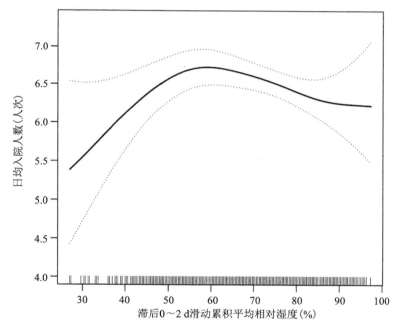

图 5.11　秦皇岛 $RH_{0～2}$ 与女童呼吸疾病住院人数的暴露—反应关系

通过饱和阈值效应分析,滞后 0～2 d 滑动累积平均相对湿度变化与儿童呼吸疾病日住院人数的拟合曲线拐点为 50％,分析结果见表 5.7。

表 5.7　2013—2016 年秦皇岛滞后 0～2 d 滑动累积平均相对湿度变化与
女童呼吸疾病日住院人数的拟合结果

指标	β	RR	95％CI	P 值
$RH_{0～2}\leqslant50％$	0.015	1.015	1.005～1.026	0.0035
$RH_{0～2}>50％$	−0.002	0.998	0.995～1.000	0.0727

结合表 5.7 与图 5.11 可见,当 $RH_{0\sim2}\leqslant50\%$ 时,$\beta>0$,$RR>1$,表明随着 $RH_{0\sim2}$ 的增加,女童呼吸疾病入住院人数增加,其发病住院的相对危险度呈增加趋势,随着相对湿度每增加 1%,住院风险增加 1.5%,$P=0.0035$ 表明该趋势是显著的;当 $RH_{0\sim2}>50\%$ 时,日住院人数随着 $RH_{0\sim2}$ 的增大无显著变化。

秦皇岛 2013—2016 年 $RH_{0\sim2}$ 在 $48\%\sim88\%$ 的天数占总天数的 76%,在此期间随着 $RH_{0\sim2}$ 的降低住院人数呈小幅增加趋势。研究表明,呼吸系统疾病发生的主要原因是受到病毒感染,而流感病毒的存活及传播能力与空气湿度条件存在一定的相关性(Sheffield et al.,2011;Leitte,2009)。秦皇岛约有 11% 的天数 $RH_{0\sim2}$ 低于 48%,低湿度会增加气管和鼻咽的压力,干燥气流易导致上呼吸系统鼻腔极端脱水,降低弹性,易使细菌、灰尘等附着在黏膜上,增加感染病毒或细菌的风险,从而诱发或加重各类呼吸道疾病。

5.1.7　儿童呼吸系统疾病广义相加预报模型的建立

由于广义相加模型(Generalized Addictive Model,GAM)更适用于流行病学统计预报模型的建立,因此,采用基于时间序列的泊松分布广义相加模型,建立秦皇岛市儿童呼吸系统疾病预报模型,其运用多种非参数平滑函数进行拟合,可以调整时间序列的长期影响和季节趋势,并且能控制节假日效应等其他混杂因素。

1. 模型建立

根据秦皇岛市儿童呼吸系统疾病与气象环境要素关联关系分析结果,当日至滞后 2 d 的滑动累积平均气温是发病的关键影响因子,滞后 2 d 的日平均气压和滞后 $0\sim2$ d 的滑动累积平均相对湿度(RH)为协变量。考虑到预报模型的简便性和实用性,确定模型引入因子为秦皇岛市儿童呼吸系统疾病关键影响因子当日至滞后 2 d 的滑动累积平均气温($T_{0\sim2}$),以及日平均气压和日平均相对湿度等。

根据赤池信息量准则(Akaike Information Criterion,AIC),确定各引入变量对应的自由度,当 AIC 最小时,模型的拟合优度最好,由此确定变量的最佳自由度,最终构建秦皇岛市儿童呼吸系统疾病广义相加预报模型为:

$$\ln[E(Yi)]=s(\text{time},\text{bs}=\text{"cr"},k=8)+\text{holiday}+s(T_{0\sim2},\text{bs}=\text{"cr"},k=7)+$$
$$s(P,\text{bs}=\text{"cr"},k=7)+s(\text{RH},\text{bs}=\text{"cr"},k=10) \tag{5.2}$$

式中:$E(Yi)$ 为第 i 日发病人数的期望值,s 表示平滑函数,数字为对应变量的自由度,time 为时间长期趋势,holiday 为节假日,$T_{0\sim2}$ 为当日至滞后 2 d 的滑动累积平均气温,P 为日平均气压,RH 为日平均相对温度。

2. 模型预报结果检验

图 5.12 为秦皇岛市儿童呼吸系统疾病日发病人数预报与实况的逐日对比,可以看出,预报模型基本能反映出疾病发病的变化趋势,尤其从 5 日滑动平均(图 5.13)上看,日发病人数几次明显的增加与降低趋势都能有比较好的反映。

采用等宽分箱法对日发病人数进行分级,进一步分析模型预报的等级准确率。将呼吸系统疾病指数分为由低到高 4 个等级,对比分析预报与实况等级,统计预报准确率。当预报与实况等级一致时,记为预报完全准确,当预报与实况等级相差一级以内,记为差一级准确,分别统计两种准确率。秦皇岛市呼吸系统疾病广义相加预报模型完全准确率为 73%。

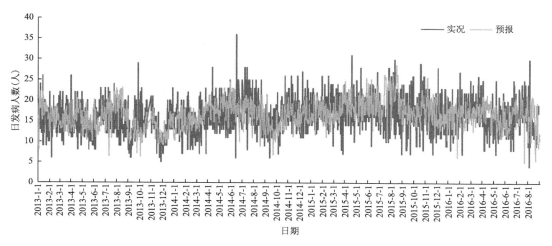

图 5.12 秦皇岛市儿童呼吸系统疾病日发病人次预报与实况逐日对比

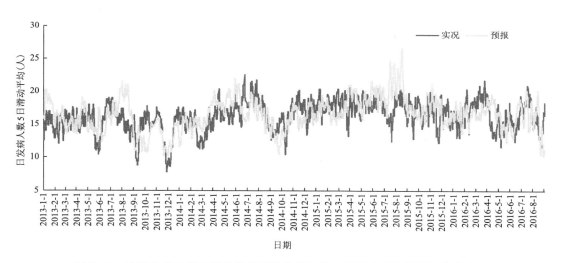

图 5.13 秦皇岛市儿童呼吸系统疾病日发病人次 5 日滑动平均预报与实况对比

5.2 利用 BP 网络和逐步回归法预测儿童呼吸道疾病就诊人数

5.2.1 资料与方法

1. 资料来源

儿童下感疾病日就诊资料来源于秦皇岛市妇幼保健院儿科住院部 2015 年 1 月 1 日至 2016 年 12 月 31 日每日就诊记录。气象资料来源于秦皇岛市气象观测站,主要为 2015 年 1 月 1 日至 2016 年 12 月 31 日的日均气象资料,包括气温、气压、相对湿度、风速等气象要素。

2. 研究方法

(1)相关分析

计算下感疾病就诊人数与各气象指标的 spearman 相关系数,找到相关性较大且具有统计学意义的指标。最终使用的气象指标为:平均气温(℃)、平均最高气温(℃)、平均最低气温(℃)、平均气压(hPa)、平均最高气压(hPa)、平均最低气压(hPa)、平均相对湿度(%)、平均风速(m/s)、最大风速(m/s)、极大风速(m/s)、前 72 h 气温变幅(℃)。

(2)人工神经网络

人工神经网络(Artificial Neural Network,ANN)简称神经网络,是基于生物学中神经网络的基本原理,以网络拓扑知识为理论基础,模拟人脑神经系统对复杂信息处理机制的一种数学模型。BP 网络(Back-ProPagation Network)是一种按误差逆传播算法训练的多层前馈网络,由输入层、隐含层和输出层组成,学习过程由信号的正向传播与误差的反向传播两个过程组成。在样本训练过程中,输入信号经过输入层、隐含层的神经元逐层处理,一直向前传播到输出层并给出结果,若未得到期望的输出,则将实际值与输出值之间的误差进行反向传播,调整各层神经元之间的连接权重,减小误差,再继续转入正向传播过程并反复迭代,直至误差小于给定的值。

(3)BP 神经网络预测模型的建立

气象要素对儿童呼吸系统疾病发生的影响具有一定的滞后性,大多数气象要素的滞后性为 1~3 d(付桂琴 等,2017;程一帆 等,2014;张德山 等,2007),因此,对气象资料进行滑动平均处理,以 3 d 为单位滑动计算得到 2015—2016 年每 3 d 平均的气象数据。同样对下感疾病就诊资料进行平滑处理,得到每 3 d 的就诊人数。

按以下步骤建立预测模型:

①数据归一化。由于样本数据单位、数量级不同,且为了满足节点函数要求,提高网络训练速度,对样本数据按以下公式进行归一化处理:

$$x_{ij} = 0.8 \times \frac{X_{ij} - \min(x_{ij})}{\max(x_i) - \min(x_i)} + 0.1 \tag{5.3}$$

式中:x_{ij} 为归一化后的自变量;X_{ij} 为原始变量;$\min(x_i)$ 为自变量 X_i 中的最小值;$\max(x_i)$ 为自变量 X_i 中的最大值;i、j 分别为自变量序号和样本序号。

②BP 神经网络建立。使用 Matlab 软件编程建立下感疾病就诊人数的 BP 神经网络预测模型,输入神经元为 11 个,输出神经元为 1 个(即就诊人数)。选取总样本归一化后 90% 的样本作为输入,以对应的未来 3 d 下感疾病就诊人数作为网络输出。隐含层为 1 层,由于隐含层神经元数目的选取没有较为统一的规则,故通过经验公式和试凑法等方法确定隐含层神经元数目(范佳妮 等,2005)。

③BP 网络的训练与仿真。选择网络训练函数 trainlm,训练精度设为 0.005,学习速率 0.01,最大训练步数 5000,对网络进行训练,建立下感疾病就诊人数的预测模型。将上一步中剩余的 10% 样本输入已经训练好的网络输入层进行仿真验证,对结果进行反归一化,得到下感疾病就诊人数的仿真值。

(4)预测模型的评价

本文主要使用平均绝对误差(MAE)、平均绝对百分比误差(MAPE)、均方根误差(RSME)和预测准确度(P)等指标对预测模型的效果进行评价,几个指标的计算方法如下:

$$\text{MAE} = \frac{1}{n}\sum_{i=1}^{n}|Y_i - y_i| \qquad (5.4)$$

$$\text{MAPE} = \frac{1}{n}\sum_{i=1}^{n}\left(\frac{|Y_i - y_i|}{|Y_i|}\right) \qquad (5.5)$$

$$\text{RMSE} = \sqrt{\frac{1}{n}\sum_{i=1}^{n}(Y_i - y_i)^2} \qquad (5.6)$$

$$P = \left(1 - \frac{\text{MAE}}{\frac{1}{n}\sum_{i=1}^{n}Y_i}\right) \times 100\% \qquad (5.7)$$

式中：Y_i 是实际值；y_i 是仿真值；n 是样本个数。

5.2.2 结果分析

1. 下感疾病就诊人数统计

经统计,所有就诊病例资料共计 15092 例,如图 5.14 所示,呼吸系统疾病就诊人数总计为 11214 例,占总就诊人数的 74.3%,说明呼吸系统疾病发病率较高,已经成为影响甚至威胁儿童身体健康的重要因素。筛选出的呼吸系统疾病就诊病例中,上感病例合计 3613 例,占呼吸系统疾病病例的 32.2%,包括上呼吸道感染、咽(喉/峡)炎、扁桃体炎、鼻(蝶)窦炎等；下感病例合计 7601 例,占所有病例资料的 50.4%,占呼吸系统疾病病例资料的 67.8%,主要包括肺炎、支气管炎等。可见,相对而言,肺炎、支气管炎等下感疾病对儿童影响更大。

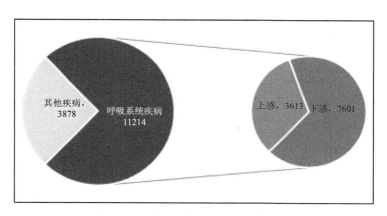

图 5.14　儿童下感疾病就诊人数统计

2. 下感疾病就诊人数月季分布

表 5.8 为秦皇岛月平均、日平均下感疾病就诊人数,可见下感疾病一年四季均有发生,总体来讲夏季就诊人数较少,冬、春季就诊人数较多。2015—2016 年就诊病例共计 7601 例,平均每月就诊人数 317 人,月平均就诊人数以 12 月最多,次多为 1 月、5 月、6 月和 11 月,均为 12 人/日。两年的日平均就诊人数为 10 人/日,12 月、1 月、5 月、6 月、11 月的日平均就诊人数均超过平均数,分别为 14 人/日、12 人/日、12 人/日、12 人/日、12 人/日。

表 5.8　秦皇岛月平均、日平均下感疾病就诊人数

月份	12	1	2	3	4	5	6	7	8	9	10	11	年平均
月平均人数	419	363	313	339	307	383	355	228	196	227	314	361	317
日平均人数	14	13	11	11	10	12	12	7	6	8	10	12	11
各季人数	1094(冬季)			1028(春季)			778(夏季)			901(秋季)			

　　图 5.15 为 2015—2016 年秦皇岛儿童下感疾病就诊人数月季分布,可以发现下感疾病就诊人数最少的一个月为 2016 年 8 月,共有 172 人于月内就诊,人数最多的一个月为 2016 年 12 月,共有 523 人于月内就诊。相对来讲,就诊人数呈现出一定的波动性,观察两年逐月就诊人数变化,可以发现其存在一定的相同之处:2—3 月、8—10 月、11—12 月就诊人数呈现增加趋势,均为季节交替过后就诊人数明显增加。由于季节变换时气温、湿度等气象条件出现突变,免疫系统发育尚未完全成熟的儿童无法立即适应气象条件的变化,支气管纤毛运动减弱,肺泡吞噬能力降低,抵御病菌的能力下降,稍有疏忽就容易患上呼吸系统疾病。其中,需要指出的是 8—10 月就诊人数明显增加可能与进入秋季花粉过敏高发期有关,8 月为草木的花期,极易引起过敏症状,进而诱发气管炎、支气管炎等下感疾病。

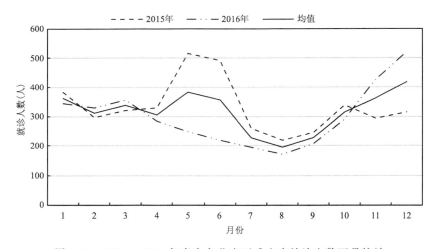

图 5.15　2015—2016 年秦皇岛儿童下感疾病就诊人数逐月统计

　　此外,不容忽视的是两年逐月就诊人数变化也存在一定的差异性,即在 2015 年春末夏初的 5—6 月及 2016 年冬季 11—12 月表现出较为明显的阶段性爆发,就诊人数出现较为显著的高峰。其每月就诊人数分别占全年就诊总人数的 12.9%、12.3%、11.9%、14.6%,这两个就诊高峰可能是因为受到阶段性天气变化与气候异常的影响。

　　统计气象资料显示,2015 年 5—6 月气温、相对湿度均接近常年,未出现超出常年值的极端高温、低温,降水未出现比常年明显偏多或偏少的情况。5—6 月为春、夏季节变换的时段,日平均气温逐渐上升,但依然会出现阶段性的气温波动,如图 5.16,每次气温波动后就诊人数增加,高于日平均就诊人数。该时段就诊病例中,排名前三的病因分别为支气管肺炎、急性支气管炎、急性毛细支气管炎,所占比例分别为 35.9%、26.1%、20.3%,考虑春末夏初时节气温渐升,病原菌及病毒开始活跃,此时儿童户外活动增加,更容易吸入冷空气、粉尘、花粉等引起

支气管肺炎、急性支气管炎等下感疾病,同时户外活动的增加为疾病互相传染提供了更多的机会,因此出现了一个就诊高峰。

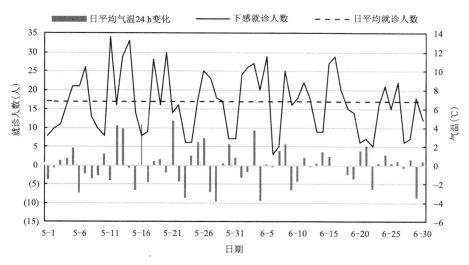

图 5.16　2015 年 5—6 月气温与就诊人数变化曲线

如表 5.9 所示,气象资料显示 2016 年 11 月秦皇岛气温明显低于常年,12 月接近常年;11—12 月降水较常年明显偏少,11 月较常年偏少四成以上,12 月较常年偏少八成;相对湿度较常年略偏高;轻雾、大雾及霾日数共计 42 d,天数占比 67.7%。近年来空气污染严重,据环保部网站资料统计,2016 年 11—12 月秦皇岛平均 AQI 指数为 112,为轻度污染天气。2016 年 11 月入冬时气温较常年偏低,天气寒冷,北方采暖燃烧大量煤炭,空气中烟、雾、浮尘等杂质和污染物浓度较大,大气污染物远高于平时,较少的降水无法充分净化空气,而雾、霾天数较多,空气湿度偏高,不利于污染物扩散,一些病毒颗粒、细菌等负载或混合在烟雾中,随呼吸进入呼吸道,附着在黏膜上并刺激人体呼吸道,诱发疾病。

表 5.9　2016 年 11—12 月气候概况

	2016 年 11 月	常年值(11 月)	2016 年 12 月	常年值(12 月)
月平均气温(℃)	2.9	4.3	−1.5	−2.2
月降水量(mm)	5.2	9.3	0.7	3.7
月平均相对湿度(%)	68	56	65	52

图 5.17 为 2016 年 11—12 月气温与就诊人数逐日变化曲线,可见该时段冷空气活动频繁,特别是 11 月下旬至 12 月最低气温变化较大。11 月 6—8 日、15 日、17 日、19—21 日、26 日、30 日,12 月 4—6 日、9—10 日、13—14 日、21—23 日、27 日均出现降温过程,之后的 1~4 d 就诊人数明显高于日平均就诊人数。气温下降时鼻腔局部温度降低,分泌免疫球蛋白的能力减弱,呼吸道抵抗力降低,这为病毒入侵提供了较为有利的条件。特别是儿童呼吸系统较为脆弱,更容易因气温降低、病毒入侵引起呼吸系统疾病,因此出现就诊高峰。结合前面气候概况分析,阶段性的天气变化(降温过程)和气候异常(气温偏低、降水偏少、雾霾天数偏多)对就诊人数有较大的影响。

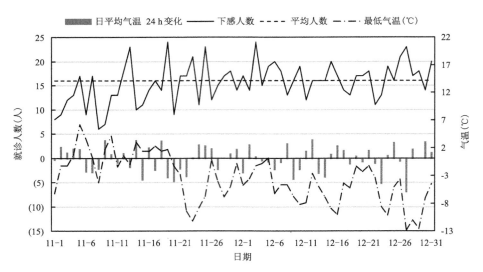

图 5.17　2016 年 11—12 月气温与就诊人数变化曲线

3. 下感疾病就诊人数与气象要素 spearman 相关分析

计算下感疾病就诊人数与气象要素的 spearman 相关系数,如表 5.10 所示。可以看出,气象要素对儿童下感疾病的发生有较为显著的影响,相比较来讲,气温与患病人数的相关性较好,气压、平均相对湿度与患病人数相关性次之,风速、前 72 h 气温变幅与患病人数相关性再次之。儿童下感疾病就诊人数与气温及平均相对湿度呈负相关关系,随着这些变量的增大或减小,下感疾病就诊人数呈相反的变化趋势;就诊人数与气压、风速及前 72 h 气温变幅呈正相关关系,其变化与自变量的增大或减小趋势相同。

表 5.10　下感疾病就诊人数与气象要素的相关系数

气象要素	相关系数	气象要素	相关系数
平均气温	−0.540	平均相对湿度	−0.400
平均最高气温	−0.544	平均风速	0.351
平均最低气温	−0.537	平均最大风速	0.343
平均气压	0.294	平均极大风速	0.277
平均最高气压	0.417	前 72 h 气温变幅	0.277
平均最低气压	0.390		

注:均通过 $\alpha=0.01$ 的显著性水平检验。

4. 统计预报方程(逐步回归法)预测模型

11 个气象因子与下感疾病就诊人数均有一定的相关性,自变量较多,且各自变量之间不完全相互独立,仅凭相关系数无法确切地筛选出对因变量影响大的因素,因此通过逐步回归分析进行自变量的筛选并建立预测模型。

如前所述,平滑计算每 3 d 的气象要素值,使用 $X_1 \sim X_{11}$ 来代表各个自变量,则 11 个自变量为:平均气温(X_1)、平均最高气温(X_2)、平均最低气温(X_3)、平均气压(X_4)、平均最高气压(X_5)、平均最低气压(X_6)、平均相对湿度(X_7)、平均风速(X_8)、平均最大风速(X_9)、平均极大风速(X_{10})、前 72 h 气温变幅(X_{11})。因变量为未来 3 d 下感疾病就诊人数,用 Y 表示。

随机选取 90% 样本即 658 组作为输入,使用逐步回归分析分别建立夏半年和冬半年下感疾病未来 3 d 患病就诊人数的预报方程:

$$Y_{\text{夏}} = 857.853 - 1.341 \times X_3 + 1.883 \times X_4 - 2.684 \times X_5 + 7.471 \times X_8 + 0.383 \times X_{11}$$

$$Y_{\text{冬}} = 40.675 - 0.407 \times X_2 - 4.631 \times X_8 - 6.129 \times X_9 + 3.838 \times X_{10}$$

方程复相关系数分别为 0.530、0.359,显著性水平均 < 0.001(非常小),通过了 F 显著性检验,表明各气象因素对下感疾病就诊人数的综合影响有显著的统计学意义,回归方程相关极其显著。

使用剩余 10% 的数据即 73 组作为输入进行仿真,对比仿真值和实际值,计算平均绝对误差 MAE、平均绝对百分比误差 MAPE、均方根误差 RMSE 和预测准确度 P 等指标,检验逐步回归方法得到的预报方程的预测效果:平均绝对误差 MAE 为 8.54,平均绝对百分比误差 MAPE 为 27.78%,均方根误差 RMSE 为 10.75,预测准确度 P 为 72.75%。图 5.18 为使用逐步回归方程对下感疾病就诊儿童人数进行仿真得到的预测值与实际患病就诊人数的拟合曲线,可以看出,不仅对就诊人数的变化趋势预测较为准确,同时预测结果与实际值接近程度也比较好,预测较为准确。

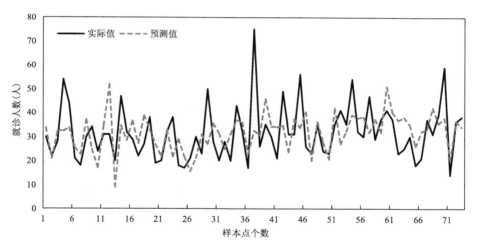

图 5.18　秦皇岛儿童下感疾病就诊人数拟合曲线(逐步回归法)

5. BP 人工神经网络预测模型

如前述方法,区性将总样本归一化后的 90%(658 组)作为输入、对应的就诊人数作为输出建立 BP 神经网络预测模型,输入层神经元个数为 11,输出层神经元个数为 1,传递函数选择 logsig。隐含层为 1 层,通过经验公式和试凑法等方法确定隐含层神经元数目为 6,传递函数为 tansig。下感疾病就诊人数的神经网络预测模型结构为 11-6-1。如图 5.19 为网络训练结果,可以看出训练精度为 0.005 时,训练了 1479 步达到目标,最终误差为 0.0049952。此时网络稳定性达到最好,预报和拟合效果也较好。

经 BP 神经网络算法进行网络学习训练,建立下感疾病就诊人数与气象要素的关系。把总样本归一化后剩余的 10% 样本(73 组)作为验证样本输入到已经训练好的网络输入层中,对

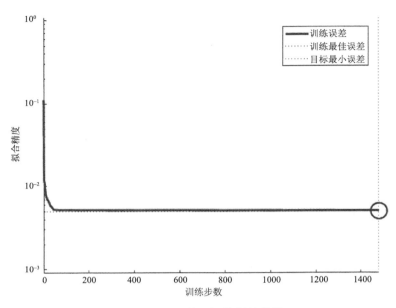

图 5.19　BP 神经网络训练结果

验证样本进行仿真验证。对仿真结果进行反归一化,得到下感疾病就诊人数验证样本的仿真值。

对预测结果进行统计分析,检验预报方程效果:平均绝对误差 MAE 为 7.51,平均绝对百分比误差 MAPE 为 23.76%,均方根误差 RMSE 为 11.07,预测准确度 P 为 76.30%。如图 5.20 所示,对仿真值和真实值进行对比,可以看出大部分样本的仿真效果比较理想,与实际值比较接近。

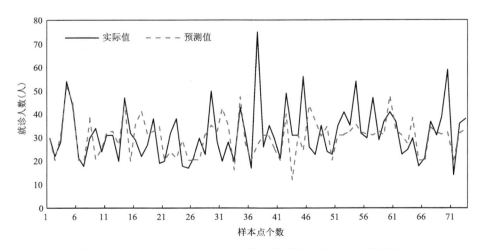

图 5.20　秦皇岛儿童下感疾病就诊人数拟合曲线(BP 神经网络)

6. 两种模型的对比与评价

为了较为客观地评价两种模型对下感疾病就诊人数的预测能力,将神经网络预测模型与逐步回归分析预测方程所得预测值进行比较,如表 5.11 所示,可以看出两种模型的预测准确度接近,BP 神经网络准确度略高一些。就表 5.11 中几个指标而言,BP 神经网络的误差值均小于逐步回归分析模型,预测准确度高,预测模型精度略胜一筹,但是逐步回归模型均方根误差稍小一些,稳定性略好。总体来讲,BP 神经网络预测模型优于逐步回归分析模型,但值得指出的是逐步回归分析模型的稳定性表现优异,有进一步优化的潜力。

表 5.11 逐步回归分析与 BP 神经网络预测模型对比

评价指标	平均绝对误差 MAE	平均绝对百分比误差 MAPE(%)	均方根误差 RMSE	预测准确度 P(%)
逐步回归分析	8.54	27.78	10.75	72.75
BP 神经网络	7.51	23.76	11.07	76.30

第6章　气象条件对脑血管疾病的影响

利用 2013—2016 年秦皇岛市第一医院、秦皇岛市中医院、秦皇岛市海港医院等 5 家医院缺血性心肌病住院病例和秦皇岛市气象站 2013—2016 年气温、气压、湿度、最高气温、最低气温、变温等气象要素,分析缺血性心肌病与气象条件的关系。

病例资料来源于秦皇岛市第一人民医院、秦皇岛市中医院等三甲医院 2013 年 1 月至 2016 年 12 月住院病例,病例资料包括患者性别、就诊日期、住院时间、疾病编码及常驻地址,经过剔除重复记录、信息缺失记录后,筛选常驻地为秦皇岛市的病例作为研究对象,对逐日发病入院人数按照不同性别属性(总人群、男、女)进行统计整理。按照国际通用的 ICD—10 编码,本研究使用 I60—I69 脑血管疾病资料。研究方法与第 5 章第一节利用 EmpowerStats 统计分析软件开展广义相加模型分析方法相同。

6.1　脑血管疾病入院人数统计特征

6.1.1　统计特征

2013 年 1 月至 2016 年 12 月脑血管疾病发病入院病例共计 33080 人次,其中男性占 59.9%,女性占 40.1%;65 岁以下占 48.7%,65 岁以上占 51.3%。由不同人群脑血管疾病住院人数统计表(表 6.1)可见,日入院总人数 3～60 人次,平均 22.8 人次,详见表 6.1。

表 6.1　不同人群脑血管疾病住院人数统计表

指标	日均值	标准差	范围
总人群(人次)	22.8	8.6	3～60
65 岁以下(人次)	11.1	4.7	0～27
65 岁及以上(人次)	11.7	5.2	1～39
男性(人次)	13.7	5.7	0～38
女性(人次)	9.1	4.1	0～26

6.1.2　时间分布特征

由逐月日不同人群平均入院人数变化(图 6.1)可见,日均入院人数 11 月最多达 25.8 人次,其次为 10 月达 25.2 人次,9 月为第三达 24.2 人次,1 月最少为 19.0 人次,月变化特征的表现是入院人数相差不大,但总体秋季和初冬季节住院人数多于其他季节,65 岁以下日均住院人数为 9.0～12.7 人,65 岁及以上日均住院人数为 9.6～13.1 人,略高于 65 岁以下人群。

男性日均住院人数 11.2～15.3 人,女性日均住院人数 7.7～10.6 人,明显低于男性日均住院
人数。

　　以上分析发现,脑血管疾病日住院人数秋季和初冬季节多于其他季节,65 岁及以上人群
日均住院人数略高于 65 岁以下人群,男性发病人数明显高于女性发病人数。

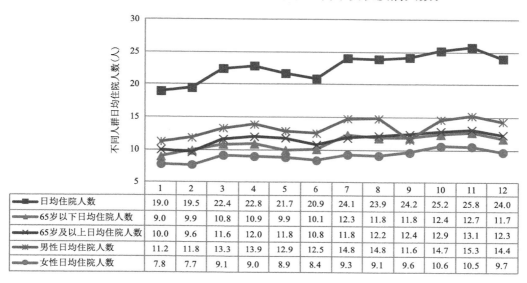

	1	2	3	4	5	6	7	8	9	10	11	12
日均住院人数	19.0	19.5	22.4	22.8	21.7	20.9	24.1	23.9	24.2	25.2	25.8	24.0
65 岁以下日均住院人数	9.0	9.9	10.8	10.9	9.9	10.1	12.3	11.8	11.8	12.4	12.7	11.7
65 岁及以上日均住院人数	10.0	9.6	11.6	12.0	11.8	10.8	11.8	12.2	12.4	12.9	13.1	12.3
男性日均住院人数	11.2	11.8	13.3	13.9	12.9	12.5	14.8	14.8	11.6	14.7	15.3	14.4
女性日均住院人数	7.8	7.7	9.1	9.0	8.9	8.4	9.3	9.1	9.6	10.6	10.5	9.7

图 6.1　秦皇岛脑血管住院人群逐月分布特征

6.2　脑血管疾病住院人数(总人群)与气象因子关系

　　通过扫描关联关系,发现对脑血管疾病住院人数有影响的相关因子有 T、T_{min}、T_{max}、P、
P_{max}、P_{min}、TC_{lag1}、TC_{lag4}、RH。由表 6.2 可见,影响秦皇岛地区脑血管疾病日住院人数的气象
因素主要是气温、湿度、气压、气温日较差、24 小时变温。脑血管疾病日住院人数与 T、T_{min}、
T_{max}、P、P_{max}、P_{min}、TC_{lag4}、RH、BT_{lag5} 为非线性关系,有必要在控制时间变化趋势和其他相关因
子的混杂效应下,分别研究各单一因素对脑血管疾病住院人数的影响。

表 6.2　气象要素与脑血管疾病日住院人数的相关因子

项目	T	T_{min}	P	P_{max}	P_{min}	TC_{lag1}	TC_{lag4}	RH	BT_{lag5}
P 值	<0.001	<0.001	0.021	0.027	0.018	0.003	0.033	<0.001	0.002
自由度	6.01	6.12	8.5	8.23	8.6	1	4.3	2.64	6.36

6.2.1　日平均气温与脑血管疾病日住院人数的关系

　　通过协变量检查与筛选,确定调整变量为 BT、TC、TC_{lag1}、RAIN、P_{min}、RH、AQI 及年季
和节假日。图 6.2 是日平均气温与脑血管疾病日住院人数的平滑曲线拟合图,可以看出二者
为非线性关系,且存在阈值效应,通过饱和阈值效应分析,饱和点为 9.4 ℃ 及 20.4 ℃,分析结
果见表 6.3。

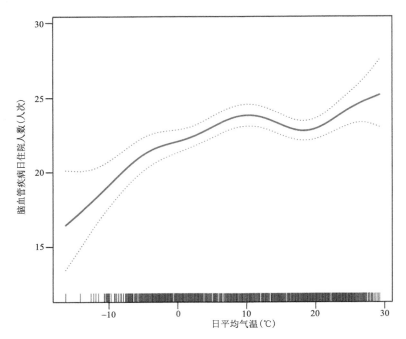

图 6.2   日平均气温(T)与脑血管疾病日住院人数的暴露—反应关系

表 6.3   日平均气温与脑血管疾病日住院人数的拟合结果

指标	β	RR	95%CI	P 值
$T \leqslant 9.4\ ℃$	0.011	1.011	1.006~1.016	<0.0001
$9.4\ ℃ < T \leqslant 20.4\ ℃$	−0.007	0.993	0.988~0.998	0.0073
$T > 20.4\ ℃$	0.013	1.013	1.002~1.024	0.0182

注:β 为回归系数(下同),RR 和 95%CI 分别为日平均气温在阈值区间每上升 1.0 ℃脑血管疾病住院人数增加的相对危险度及 95%的可信区间。

当 $T \leqslant 9.4\ ℃$时,$\beta > 0$,RR>1,$P < 0.0001$,随着日平均气温的降低,脑血管疾病住院人数呈减少的趋势,其发病住院的相对危险度呈减少的趋势,该趋势是显著的。说明此区间日平均气温每降低 1 ℃脑血管疾病住院人数减少 1.1%;当 $9.4\ ℃ < T \leqslant 20.4\ ℃$时,$\beta < 0$,RR<1,$P < 0.05$,随着日平均气温的增加,脑血管疾病住院人数呈减少的趋势,其发病住院的相对危险度呈降低的趋势,该趋势是显著的,说明此区间日平均气温每升高 1 ℃脑血管疾病住院人数减少 0.7%。当 $T > 20.4\ ℃$时,$\beta > 0$,RR>1,$P < 0.0001$,说明日平均气温超过 20.4 ℃时,随着日平均气温的增加,脑血管疾病住院人数呈增加的趋势,其发病住院的相对危险度呈增加的趋势,该趋势是显著的,说明此区间日平均气温每升高 1 ℃脑血管住院人数增加 1.3%。图 6.2 显示,日平均气温 9.4 ℃时和高温天气时脑血管疾病住院相对危险度最高,特别是日平均气温超过 20.4 ℃之后,日平均气温越高,脑血管疾病住院相对危险度越高。根据 1981—2010 年 30 年气候资料分析,日平均气温 9.4 ℃时秦皇岛一般在 3 月上旬、10 月末或 11 月初,此时处于春夏之交和秋冬之交,过渡性季节正是气温变化剧烈、体感温度低、气温日较差较大的阶段,也正处于秦皇岛暖气供停变化期,人体受到寒冷刺激后,会导致交感神经兴奋,全身毛细血管收缩,易引发脑血管疾病。也可以看出,平均气温 20.4 ℃时,秦皇岛处于 5 月末 6 月初和 9 月

中旬,在此条件下脑血管疾病住院人数相对较少,但当日平均气温超过 20.4 ℃时,也就是说在 7 月、8 月份高温高湿气压较低的季节里,脑血管疾病日住院人数增多。

6.2.2　日最高气温与脑血管疾病日住院人数的关系

通过协变量检查与筛选,确定调整变量为 BT、TC、TC_{lag1}、RAIN、P_{min}、RH、AQI 及年、季和节假日。图 6.3 是日最高气温与脑血管疾病日住院人数的平滑曲线拟合图,可以看出二者为非线性关系,且存在阈值效应,通过饱和阈值效应分析,拐点为 15 ℃及 25.5 ℃,分析结果见表 6.4。

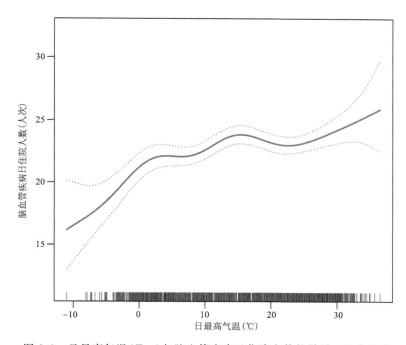

图 6.3　日最高气温(T_{max})与脑血管疾病日住院人数的暴露—反应关系

表 6.4　日最高气温与脑血管疾病日住院人数的拟合结果

指标	β	RR	95%CI	P 值
$T_{max} \leqslant 15$ ℃	0.01	1.01	1.006～1.014	<0.0001
15 ℃<$T_{max} \leqslant 25.5$ ℃	−0.006	0.994	0.989～0.999	0.0235
$T_{max} > 25.5$ ℃	0.008	1.008	0.997～1.019	0.1486

注:RR 和 95%CI 分别为日最高气温在阈值区间每上升 1.0 ℃住院人数增加的相对危险度及 95% 的可信区间。

当 $T_{max} \leqslant 15$ ℃时,$\beta>0$,RR>1,$P<0.0001$,随着日最高气温的降低,脑血管疾病住院人数呈缓慢减少的趋势,其发病住院的相对危险度呈缓慢减少的趋势,该趋势是显著的;当 15 ℃<$T_{max} \leqslant 25.5$ ℃时,$\beta<0$,RR<1,$P<0.05$,随着日最高气温的升高,脑血管疾病住院人数呈减少的趋势,其发病住院的相对危险度呈降低的趋势,该趋势是显著的;当 $T_{max}>25.5$ ℃时,$\beta>0$,RR>1,$P>0.05$,说明日最高气温超过 25.5 ℃时,日最高气温对脑血管疾病发病住院的相对危险度影响不显著。最高气温为 15 ℃时和高温天气时,脑血管疾病住院人群相对危险度最高,特别是最高气温超过 25.5 ℃后,最高气温越高,脑血管疾病人群住院相对危险度越高。

6.2.3   日最低气温与脑血管疾病日住院人数的关系

通过协变量检查与筛选,确定调整变量为 BT、TC_{lag1}、RAIN、P_{min}、RH、AQI 及年季和节假日。图 6.4 是日最低气温与脑血管疾病日住院人数的平滑曲线拟合图,可见二者为非线性关系,且存在阈值效应。通过饱和阈值效应分析,拐点为 5.2 ℃及 17.7 ℃,分析结果见表 6.5。

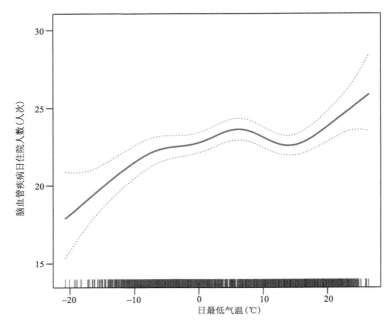

图 6.4   日最低气温与脑血管疾病日住院人数的暴露—反应关系

表 6.5   日最低气温与脑血管疾病日住院人数的拟合结果

指标	β	RR	95%CI	P 值
$T_{min} \leqslant 5.2$ ℃	0.002	1.008	1.004—1.012	<0.0001
5.2 ℃<$T_{min} \leqslant 17.7$ ℃	−0.006	0.994	0.989—0.998	0.0078
$T_{min} > 17.7$ ℃	0.013	1.013	1.000—1.025	0.0459

注:RR 和 95%CI 分别为日最低气温在阈值区间每上升 1.0 ℃脑血管疾病住院人数增加的相对危险度及 95% 的可信区间。

图 6.4 显示,当 $T_{min} \leqslant 5.2$ ℃时,$\beta>0$,RR>1,$P<0.0001$,随着日最低气温的降低,脑血管疾病住院人数呈缓慢减少的趋势,其发病住院的相对危险度呈减少的趋势,该趋势是显著的;当 5.2 ℃<$T_{min} \leqslant 17.7$ ℃时,$\beta<0$,RR<1,$P<0.05$,随着日最低气温的升高,脑血管疾病住院人数呈减少的趋势,其发病住院的相对危险度呈降低的趋势,该趋势是显著的;当 $T_{min} > 17.7$ ℃时,$\beta>0$,RR>1,$P<0.05$,说明日最低气温超过 17.7 ℃时,随着日最低气温的升高,脑血管疾病住院人数呈增加的趋势,其发病住院的相对危险度呈增加的趋势,该趋势是显著的。说明日最低气温为 5.5 ℃和最低气温处于较高值时,脑血管疾病住院人数最多,特别是最低气温超过 17.7 ℃之后,最低气温越高,脑血管疾病住院相对危险度越高。

6.2.4　相对湿度与脑血管疾病日住院人数的关系

通过协变量检查与筛选,确定调整变量为 TC、TC_{lag1}、RAIN、AQI、T_{max} 及年季和节假日。图 6.5 是相对湿度与脑血管疾病日住院人数的平滑曲线拟合图,可以看出二者为非线性关系,且存在饱和效应。通过饱和阈值效应分析,拐点为 52%,分析结果见表 6.6。

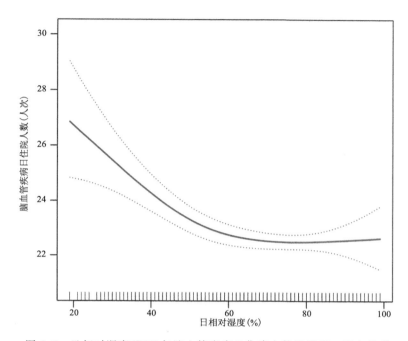

图 6.5　日相对湿度(RH)与脑血管疾病日住院人数的暴露—反应关系

表 6.6　日相对湿度与脑血管疾病日住院人数的拟合结果

指标	β	RR	95%CI	P 值
RH≤52%	−0.006	0.994	0.991~0.996	<0.0001
RH>52%	0	1.000	0.999~1.001	0.8751

注:RR 和 95%CI 分别为日相对湿度在阈值区间每上升 1% 脑血管疾病住院人数增加的相对危险度及 95% 的可信区间。

当 RH≤52% 时,β<0,RR<1,P<0.0001,随着相对湿度的增加,脑血管疾病住院人数呈减少的趋势,其发病住院的相对危险度呈降低的趋势,该趋势是显著的,反过来说,相对湿度越小,脑血管疾病住院人数越多;当 RH>52% 时,日相对湿度对脑血管疾病发病住院的相对危险度没有显著的影响。说明脑血管疾病人群对低相对湿度的耐受性较差,天气干燥更易引发脑血管疾病,这是因为气候干燥,人体消耗水分多,容易造成体内缺水,缺水后血液黏稠,血流减慢,可能导致血管阻塞。虽然很多研究指出,高温高湿天气易引发脑血管疾病,但是都是在高温天气协同作用的结果,本研究表明,在日相对湿度>52% 时,单纯的湿度的增加对脑血管疾病住院相对危险度影响不大。

6.2.5 日最低气压与脑血管疾病日住院人数的关系

通过协变量检查与筛选,确定调整变量为 BT、TC、TC_{lag1}、RAIN、RH、AQI、T_{max} 及年季和节假日。图 6.6 是日最低气压与脑血管疾病日住院人数的平滑曲线拟合图,可以看出二者为非线性关系,且存在阈值效应。通过饱和阈值效应分析,拐点为 1025.9 hPa 及 1033.5 hPa,分析结果见表 6.7。

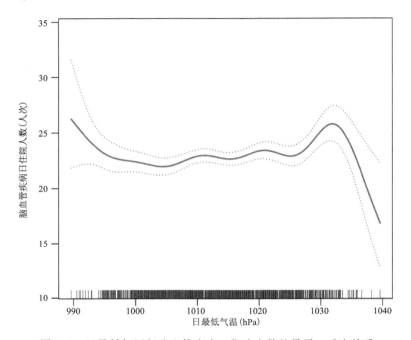

图 6.6 日最低气压与脑血管疾病日住院人数的暴露—反应关系

表 6.7 日最低气压与脑血管疾病日住院人数的拟合结果

指标	β	RR	95％CI	P 值
$P_{min} \leqslant 1025.9$ hPa	0.001	1.001	0.998～1.003	0.6583
1025.9 hPa$< P_{min} \leqslant 1033.5$ hPa	0.016	1.016	1.006～1.027	0.0029
$P_{min} > 1033.5$ hPa	−0.137	0.863	0.774～0.963	0.0085

注:RR 和 95％CI 分别为日最低气压在阈值区间每上升 1.0 hPa 住院人数增加的相对危险度及 95％的可信区间。

当 $P_{min} \leqslant 1025.9$ hPa 时,$P > 0.05$,日最低气压对脑血管疾病发病住院的相对危险度没有显著的影响;当 1025.9 hPa$< P_{min} \leqslant 1033.5$ hPa 时,$\beta > 0$,RR> 1,$P < 0.05$,随着日最低气压的增加,脑血管疾病住院人数呈增加的趋势,其发病住院的相对危险度呈增加的趋势,该趋势是显著的;当 $P_{min} > 1033.5$ hPa 时,$\beta < 0$,RR< 1,$P < 0.05$,随着日最低气压的增加,脑血管疾病住院人数呈减少的趋势,其发病住院的相对危险度呈降低的趋势。通过查找所用资料样本个例,共 1451 d 中仅有 13 d 日最低气压高于 1033.5 hPa,样本个例偏少导致结果发散,我们认为日最低气压高于 1033.5 hPa 时的结论,需要在今后样本个例增多时进行进一步研究,下面讨论的在日平均气压极高的气象条件时也存在此问题。

6.2.6　日平均气压与脑血管疾病日住院人数的关系

通过协变量检查与筛选,确定调整变量为 BT、TC、TC_{lag1}、TC_{lag2}、TC_{lag3}、TC_{lag4}、TC_{lag6}、RAIN、RH、AQI、T_{max} 及年季和节假日。图 6.7 是日平均气压与脑血管疾病日住院人数的平滑曲线拟合图,可以看出二者为非线性关系,且存在阈值效应。通过饱和阈值效应分析,拐点为 1029 hPa 及 1038 hPa,分析结果见表 6.8。

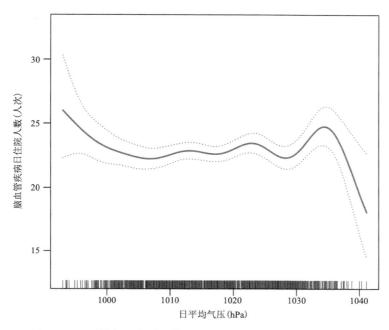

图 6.7　日平均气压与脑血管疾病日住院人数的暴露—反应关系

表 6.8　日平均气压与脑血管疾病日住院人数的拟合结果

指标	β	RR	95%CI	P 值
$P \leqslant 1029$ hPa	−0.001	0.999	0.997~1.002	0.5902
1029 hPa$<P \leqslant 1038$ hPa	0.01	1.010	1.000~1.020	0.0436
$P>1038$ hPa	−0.299	0.701	0.561~0.876	0.0018

注:RR 和 95%CI 分别为日平均气压在阈值区间每上升 1.0 hPa 研究人群脑血管疾病住院人数增加的相对危险度及 95%的可信区间。

当 $P \leqslant 1029$ hPa 时,$P>0.05$,日平均气压对脑血管疾病发病住院的相对危险度没有显著的影响;当 1029 hPa$<P \leqslant 1038$ hPa 时,$\beta>0$,RR>1,$P<0.05$,随着气压的增加,脑血管疾病住院人数呈增加的趋势,其发病住院的相对危险度呈增加的趋势,该趋势是显著的,这与陈观进(1993)研究的湛江市脑血管死亡病例在当月平均气压为 1014~1030 hPa 时可引起脑血管死亡率升高基本一致。当 $P>1038$ hPa 时,$\beta<0$,RR<1,$P<0.05$,说明日平均气压超过 1038 hPa 时,随着日平均气压的增加,脑血管疾病住院人数呈减少的趋势,其发病住院的相对危险度呈降低的趋势,该趋势是显著的。

6.2.7　日最高气压与脑血管疾病日住院人数的关系

通过协变量检查与筛选,确定调整变量为 BT、T、TC_{lag4}、TC_{lag6}、TC、TC_{lag1}、RAIN、RH、AQI、T_{max} 及年季和节假日。经过计算在控制时间变化趋势和其他相关因子的混杂效应下,日最高气压对脑血管疾病住院人数的影响不显著($P=0.1221$)。

6.2.8　4 d 前气温日较差(TC_{lag4})与脑血管疾病日住院人数的关系

通过协变量检查与筛选,确定调整变量为 TC、TC_{lag1}、TC_{lag5}、RAIN、RH、T_{max}、AQI、BT 及年季和节假日。图 6.8 是 4 d 前气温日较差与脑血管疾病日住院人数的平滑曲线拟合图,可以看出二者也是为非线性关系且存在阈值效应。通过饱和阈值效应分析,拐点为 7.3 ℃ 及 11.5 ℃,分析结果见表 6.9。

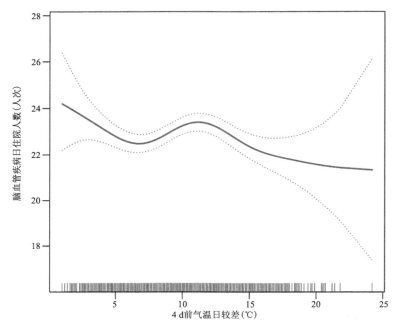

图 6.8　4 d 前气温日较差与脑血管疾病日住院人数的暴露—反应关系

表 6.9　4 d 前气温日较差与脑血管疾病日住院人数的拟合结果

指标	β	RR	95%CI	P 值
$TC_{lag4} \leqslant 7.3$ ℃	−0.015	0.985	0.973~0.996	0.0089
7.3 ℃ < $TC_{lag4} \leqslant 11.5$ ℃	0.022	1.022	1.010~1.033	0.0002
$TC_{lag4} > 11.5$ ℃	−0.01	0.990	0.981~1.000	0.0459

注:RR 和 95%CI 分别为 4 d 前气温日较差在阈值区间每上升 1.0 ℃ 研究人群脑血管疾病住院人数增加的相对危险度及 95% 的可信区间。

当 $TC_{lag4} \leqslant 7.3$ ℃ 时,$\beta<0$,RR<1,$P=0.0089$,随着 4 d 前气温日较差的增大,脑血管疾病住院人数呈减少的趋势,其发病住院的相对危险度呈减少的趋势,该趋势是显著的;当

7.3 ℃＜TC$_{lag4}$≤11.5 ℃时,$β$＞0,RR＞1,P＜0.05,随着 4 d 前气温日较差的增大,脑血管疾病住院人数呈增加的趋势,其发病住院的相对危险度呈增大的趋势,该趋势是显著的;当 TC$_{lag4}$＞11.5 ℃时,$β$＜0,RR＜1,P 近似等于 0.05,随着 4 d 前气温日较差的增大,脑血管疾病住院人数呈减少的趋势,其发病住院的相对危险度呈降低的趋势,该趋势近似显著。4 d 前气温日较差为 7.3 ℃时为最适气温日较差,住院人数最少。

6.3　年龄分层后脑血管疾病住院人数与气象因子关系

6.3.1　气象因子与 65 岁以下人群脑血管疾病日住院人数关系分析

经过分析,65 岁以下人群脑血管疾病住院人数与 T、T_{min}、RH 均为显著非线性关系(表 6.10)。与总人群不同的是与 T_{max}、P、P_{max}、P_{min}、TC$_{lag4}$ 关系不显著。

表 6.10　气象要素与 65 岁以下人群脑血管日住院人数的相关因子

项目	T	T_{min}	RH	TC$_{lag1}$
P 值	0.0046	0.003	0.0018	0.024
自由度	5.04	5.1	2.14	1

由于 RH、T_{min} 和 T 与 65 岁以下人群脑血管疾病住院人数为显著非线性关系,需要在控制时间变化趋势和其他相关因子的混杂效应下,分别研究两个单一因素对 65 岁以下人群脑血管疾病住院人数的影响。65 岁以下人群脑血管疾病住院人与相对湿度、日最低气温、日平均气温的关系如表 6.11 所示。

表 6.11　气象要素与 65 岁以下人群脑血管日住院人数的拟合结果

项目	协变量因子	指标	$β$	RR	95%CI	P 值
日相对湿度	TC、TC$_{lag1}$、RAIN、AQI、T_{max}、BT、年、季、节假日	RH≤58%	−0.006	0.994	0.991～0.997	＜0.0001
		RH＞58%	0	1.000	0.998～1.002	0.9456
日最低气温	BT、TC$_{lag1}$、RAIN、P_{min}、AQI、RH、年、季、节假日	T_{min}≤−11.8 ℃	0.046	1.046	1.019～1.073	＜0.001
		−11.8 ℃＜T_{min}≤15.6 ℃	0.001	1.001	0.997～1.005	0.5691
		T_{min}＞15.6 ℃	0.021	1.021	1.008～1.034	0.0018
日平均气温	BT、TC$_{lag1}$、RAIN、P_{min}、RH、AQI 及年季和节假日	T≤9.4 ℃	0.013	1.013	1.006～1.020	0.0001
		9.4 ℃＜T≤19.1 ℃	−0.011	0.989	0.981～0.998	0.0127

与总人群相比(图 6.9):65 岁以下脑血管住院人群相对湿度拐点为 58%,而总人群相对湿度拐点为 52%,说明 65 岁以下人群对低相对湿度的耐受性更差;日最低气温在 −11.8 ℃＜T_{min}≤15.6 ℃时,对 65 岁以下脑血管疾病住院人群影响不显著,这点与总人群不同;日最低气温影响总人群的饱和点为 5.2 ℃和 17.7 ℃,说明 65 岁以下人群较总人群对更低的最低气温承受能力更强。日平均气温对 65 岁以下人群的影响与总人群相似,总人群影响的拐点为 9.4 ℃和 20.4 ℃,说明 65 岁以下人群对更高的气温耐受性更强。

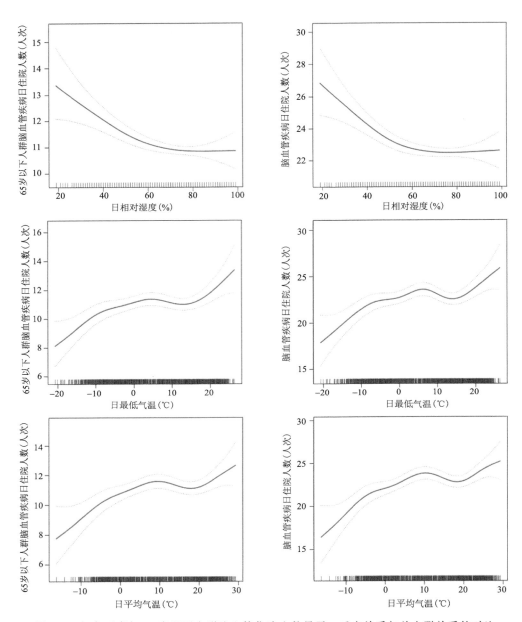

图 6.9　气象要素与 65 岁以下人群脑血管住院人数暴露—反应关系与总人群关系的对比

6.3.2　气象因子与 65 岁及以上人群脑血管疾病日住院人数关系

经过分析，65 岁及以上人群脑血管疾病住院人数与 T_{max}、TC_{lag4} 为显著非线性关系（表 6.12）。65 岁及以上人群脑血管疾病住院人群与总人群不同的是与 T、T_{max}、TC_{lag1}、RH 关系不显著。65 岁及以上人群脑血管疾病住院人与日最高气温、4 d 前气温日较差的关系如表 6.13 所示。图 6.10 为日最高气温、4 d 前气温日较差与 65 岁及以上脑血管人群住院人数暴露—反应关系及与总人群关系的对比图。

表 6.12　气象要素与 65 岁及以上人群脑血管日住院人数的相关因子

项目	T_{max}	TC_{lag4}	TC
P 值	0.0011	0.0156	0.0164
自由度	5.97	4.62	1

表 6.13　气象要素与 65 岁及以上人群脑血管日住院人数的拟合结果

项目	协变量因子	指标	β	RR	95%CI	P 值
日最高气温	TC、P_{min}、RH、TC_{lag1}、年、季、节假日	$T_{max} \leqslant 2.3\ ℃$	0.031	1.031	1.016~1.046	<0.0001
		$2.3\ ℃ < T_{max} \leqslant 25.1\ ℃$	0.001	1.001	0.997~1.005	0.5959
		$T_{max} > 25.1\ ℃$	0.015	1.015	1.002~1.029	0.0291
4 d 前气温日较差	TC、TC_{lag1}、TC_{lag5}、T_{max}、TC_{lag6}、年、季、节假日	$TC_{lag4} \leqslant 6.7\ ℃$	−0.034	0.976	0.957~0.995	0.0116
		$6.7\ ℃ < TC_{lag4} \leqslant 11.1\ ℃$	0.031	1.031	1.015~1.047	<0.0001
		$TC_{lag4} > 11.1\ ℃$	−0.012	0.988	0.976~1.000	0.0413

　　由图 6.10 可以看出,日最高气温对 65 岁及以上脑血管疾病人群的影响与总人群不同,总人群虽然也存在两个拐点,分别为 15 ℃和 25.5 ℃,但总人群在 $T_{max} \leqslant 15$ ℃时,脑血管住院人群是随着日最高气温的升高而增加的,15 ℃$< T_{max} \leqslant 25.5$ ℃时,住院人群危险度是随着日最

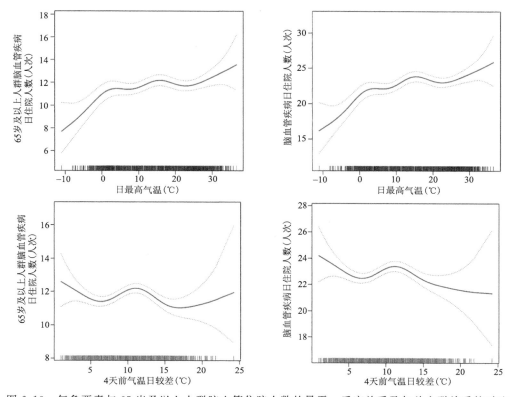

图 6.10　气象要素与 65 岁及以上人群脑血管住院人数的暴露—反应关系及与总人群关系的对比

高气温的增加而减少的,而当 $T_{max} > 25.5\ ℃$ 时,影响不显著;而 65 岁及以上人群当 $T_{max} \leqslant 2.3\ ℃$ 时,住院人群随着日最高气温的升高而增加,而当 $2.3\ ℃ < T_{max} \leqslant 25.1\ ℃$ 时,影响不显著(这与总人群不同),$T_{max} > 25.1\ ℃$ 时,住院人群随着日最高气温的升高而增加,说明 65 岁及以上人群对高的最高气温的承受能力更弱。同时对滞后 1~4 d 的日平均气温与 65 岁及以上脑血管疾病日住院人数进行了研究,结果如表 6.14 所示。可以看出,在日平均气温 $< -2.8\ ℃$ 时,日平均气温对 65 岁及以上脑血管疾病日住院人数的影响有滞后效应,在第 4 天达到最大;$-2.8\ ℃ < TC_{lag4} \leqslant 2.3\ ℃$ 时,滞后效应在第 2 天达到最大;当日平均气温 $> 2.3\ ℃$ 时,无滞后效应。

表 6.14　滞后 1~4 d 日平均气温与 65 岁及以上脑血管疾病日住院人数的拟合结果

暴露因子	拐点 $(K1, K2)$	$<K1$ 段 RR(95% 置信区间)P 值	$K1 \sim K2$ 段 RR(95% 置信区间)P 值	$>K2$ 段 RR(95% 置信区间)P 值
T_{lag1}	$(-2.8, 2.3)$	1.035(1.018, 1.052)<0.0001	0.968(0.945, 0.991)0.0077	1.000(0.996, 1.005)0.8528
T_{lag2}	$(-2.8, 2.3)$	1.041(1.024, 1.059)<0.0001	0.961(0.937, 0.984)0.0013	0.999(0.995, 1.004)0.7871
T_{lag3}	$(-2.8, 2.3)$	1.042(1.024, 1.060)<0.0001	0.965(0.942, 0.989)0.0047	0.999(0.995, 1.003)0.6357
T_{lag4}	$(-2.8, 2.3)$	1.043(1.025, 1.062)<0.0001	0.976(0.953, 1.000)0.0544	0.999(0.995, 1.004)0.7783

6.4　性别分层后脑血管住院人数与气象因子关系

6.4.1　男性人群脑血管疾病住院的危险度与气象因子关系研究

调整了年季及节假日混杂效应,通过扫描关联关系,与男性人群脑血管疾病住院人数有显著相关关系的因子有 TC_{lag1}、TC、P_{max}、T_{max}、T、T_{min}、P、RH(表 6.15),可以看出与 T_{max}、T、T_{min}、P、RH 为显著非线性关系,与总人群不同点是与 TC_{lag4} 无显著相关。

表 6.15　气象要素与男性脑血管疾病日住院人数的拟合结果

项目	TC_{lag1}	TC	P_{max}	T_{max}	T	T_{min}	P	RH
P 值	0.008	0.0161	0.0336	<0.01	<0.01	<0.01	0.01	0.01
自由度	1	1	1	8.24	6.44	4.87	8.37	3.56

由于 T_{max}、T、T_{min}、P、RH 与男性人群脑血管疾病住院人数为显著非线性关系,需要在控制时间变化趋势和其他相关因子的混杂效应下,分别研究各单一因素对男性人群脑血管疾病住院人数的影响。日最高气温、日平均气温、日最低气温、日平均气压、日平均相对湿度与男性人群脑血管疾病日住院人数的关系如表 6.16 所示。

表 6.16　气象要素与男性人群脑血管日住院人数的拟合结果

项目	协变量因子	指标	β	RR	95%CI	P 值
日最高气温	TC、P_{min}、RH、TC_{lag1}、TC_{lag6}、BT、TC_{lag4}、年、季、节假日	$T_{max} \leqslant 13.4\ ℃$	0.011	1.011	1.005~1.017	0.0001
		$T_{max} > 13.4\ ℃$	0	1.000	0.996~1.004	0.9711

续表

项目	协变量因子	指标	β	RR	95%CI	P 值
日平均气温	BT、TC、TC_{lag1}、TC_{lag6}、RH 及年、季和节假日	$T \leqslant 9.5\ ℃$	0.013	1.013	1.008~1.019	<0.0001
		$9.5\ ℃ < T \leqslant 17.2\ ℃$	−0.016	0.984	0.974~0.994	0.0014
		$T > 17.2\ ℃$	0.016	1.016	1.006~1.027	0.0016
日最低气温	TC_{lag1}、TC_{lag6}、RAIN、P_{min}、RH 及年、季和节假日	$T_{min} \leqslant 4.7\ ℃$	0.009	1.009	1.004~1.014	0.0009
		$4.7\ ℃ < T_{min} \leqslant 17.3\ ℃$	−0.007	0.993	0.987~0.999	0.0166
		$T_{min} > 17.3\ ℃$	0.018	1.018	1.003~1.033	0.0197
日平均气压	TC_{lag1}、TC_{lag4}、TC_{lag6}、RAIN、RH、AQI、T_{max}、T 及年、季和节假日	$P \leqslant 1001.5\ hPa$	−0.025	0.975	0.958~0.993	0.0064
		$P > 1001.5\ hPa$	0.001	1.001	0.997~1.004	0.7016
日平均相对湿度	TC_{lag1}、T_{max}、P_{min}、TC_{lag6}、AQI、TC、TC_{lag4}、T 及年、季和节假日	$RH \leqslant 48\%$	−0.008	0.992	0.988~0.996	<0.0001
		$RH > 48\%$	0	1.000	0.998~1.001	0.7861

　　图 6.11 为日最高气温、日平均气温、日最低气温、日平均气压、日平均相对湿度与男性人群脑血管疾病日住院人数拟合结果及与总人群的对比图。可以看出,日最高气温与总人群住院人数之间有一个区间,总人群在 $15\ ℃ < TC_{lag4} \leqslant 25.5\ ℃$ 时,随着日最高气温的升高住院人数是下降的,在 $>25.5\ ℃$ 时没有影响,而男性人群脑血管疾病住院人数在日最高气温 $<13.4\ ℃$ 时,日最高气温越低住院人数越少,$>13.4\ ℃$ 时,影响不显著。日平均气温与总人群相关气象因子与男性脑血管疾病住院人数暴露—反应关系及与总人群关系的对比图群关系的拐点为 $9.4\ ℃$ 和 $20.4\ ℃$,对男性人群影响趋势是一致的,只是男性人群拐点是 $9.5\ ℃$ 和 $17.2\ ℃$,说明男性脑血管人群对高温的耐受力较总人群差。日最低气温的影响与总人群基本一致,其拐点为 $4.7\ ℃$ 及 $17.3\ ℃$(总人群拐点为 $5.2\ ℃$ 和 $17.7\ ℃$)。当 $P \leqslant 1001.5\ hPa$ 时随着日平均气压的增加,脑血管疾病住院人数呈减少的趋势,当 $P > 1001.5\ hPa$ 时影响不显著,这点与总人群不同(总人群当气压 $<1029\ hPa$ 时影响不显著,$>1038\ hPa$ 时,考虑日数极少结果不可信,气压处于二者之间时,随着气压升高人数增加)。日平均相对湿度对男性脑血管疾病人群的影响与总人群相似,总人群拐点为 52%,说明男性人群对更干燥的天气的耐受性较总人群略差。

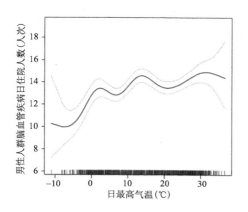

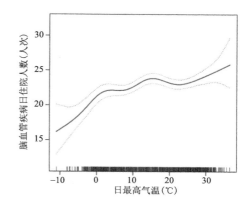

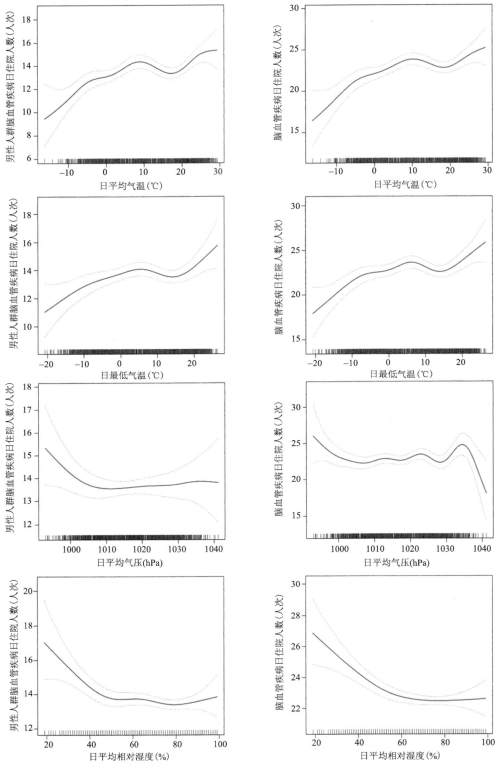

图 6.11　气象要素与男性脑血管住院人数的暴露—反应关系及与总人群关系的对比

6.4.2　女性人群脑血管疾病住院的危险度与气象因子关系研究

调整了年季及节假日混杂效应,通过扫描关联关系,与女性人群脑血管疾病住院人数有显著相关关系的因子只有 RH,为显著非线性关系。在控制时间变化趋势和其他相关因子的混杂效应下,研究该因素对女性人群脑血管疾病住院人数的影响,结果如表 6.17 所示,图 6.12 为相对湿度与女性脑血管日住院人数的拟合结果及与总人群对比图,可以看出,相对湿度与女性脑血管日住院人数的拟合结果与总人群反应基本一致,只是女性人群拐点为 59%,而总人群拐点为 52%。

表 6.17　相对湿度与女性人群脑血管日住院人数的拟合结果

项目	协变量因子	指标	β	RR	95%CI	P 值
日平均相对湿度	RAIN、AQI、P_{min}、年、季、节假日	RH≤59%	−0.006	0.994	0.991~0.997	<0.0001
		RH>59%	0	1.000	0.998~1.002	0.9456

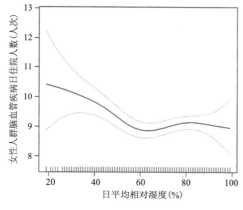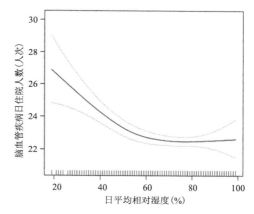

图 6.12　相对湿度与女性人群脑血管日住院人数的拟合结果及与总人群对比

与总人群一样,我们把滞后 1~4 d 日平均气温(T_{lag1} ~ T_{lag4})与女性人群脑血管疾病日住院人数分别进行研究,通过协变量检查与筛选,确定调整变量为 TC_{lag1}、TC_{lag2}、TC_{lag4}、P_{min}、RAIN、RH 及年季和节假日。结果显示(表 6.18),当日平均温度<13.5 ℃时,滞后效应在第 3、4 天达到最大;当日平均温度介于 13.5 ℃和 20.4 ℃时,滞后效应在第 3 天达到最大;当日平均温度>20.4 ℃时,平均温度对女性人群脑血管疾病住院的相对危险度不存在滞后效应,关系不显著。

表 6.18　滞后 1~4 d 日平均气温与女性脑血管疾病日住院人数的拟合结果

	拐点 (K1,K2)	<K1 段 RR (95%置信区间)P 值	K1~K2 段 RR(95%置信区间)P 值	>K2 段 RR(95%置信区间)P 值
T_{lag1}	13.5,20.4	1.010(1.004,1.016)0.0006	0.986(0.972,1.000)0.0470	1.009(0.991,1.028)0.3071
T_{lag2}	13.5,20.4	1.011(1.006,1.017)0.0001	0.981(0.968,0.995)0.0063	1.010(0.991,1.029)0.2992
T_{lag3}	13.5,20.4	1.013(1.007,1.019)<0.0001	0.974(0.961,0.988)0.0003	1.007(0.988,1.025)0.4785
T_{lag4}	13.5,20.4	1.013(1.007,1.019)<0.0001	0.977(0.963,0.991)0.0009	1.008(0.989,1.027)0.3980

6.5　预报模型的建立

根据前述气象、环境要素对脑血管疾病发病的影响分析，对脑血管发病影响较大的要素为气温（T）、气压（P）、湿度（RH）与滞后 4 d 气温日较差（TC_4），将这些变量引入模型，将节假日、年变量引入控制影响。得到模型为：

$$\ln[E(Y)] = s(\text{time}, 12) + \text{holiday} + s(T, 15) + s(P, 14) + s(\text{RH}, 7) + s(TC_4, 7) + \text{year}$$

(6.1)

式中：$E(Y)$ 为发病人数的期望值；s 表示平滑函数；数字为对应变量的自由度；time 为时间长期趋势；holiday 为节假日；T 为日平均气温；P 为日平均气压；RH 为日平均相对湿度；TC_4 为 4 d 前气温日较差；year 为年份。

第 7 章　气象条件对缺血性心肌病的影响

利用 2013—2016 年秦皇岛市第一医院、秦皇岛市中医院、秦皇岛市海港医院等 5 家医院缺血性心肌病住院病例,和秦皇岛市气象站 2013—2016 年气温、气压、湿度、最高气温、最低气温、变温等气象要素分析缺血性心肌病与气象条件的关系。

病例资料来源于秦皇岛市第一人民医院、秦皇岛市中医院等三甲医院 2013 年 1 月至 2016 年 12 月住院病例,病例资料包括患者性别、就诊日期、住院时间、疾病编码及常驻地址,经过剔除重复记录、信息缺失记录后,筛选常驻地为秦皇岛市的病例作为研究对象,对逐日发病入院人数按照不同性别属性(总人群、男、女)进行统计整理。按照国际通用的 ICD—10 编码,本研究使用 I20—I25 缺血性心肌病疾病资料。研究方法与第 5 章 5.1 节分析方法相同。

7.1　缺血性心肌病住院人数统计特征

7.1.1　统计特征

2013 年 1 月至 2016 年 12 月发病入院病例共计 27313 人次,其中男性占 55.9%,女性占 44.1%;65 岁以下占 47.4%,65 岁及以上占 52.6%。由入院人数与环境气象要素的统计特征(表 7.1)可见,日入院总人数 2~54 人次,平均 18.8 人次。

表 7.1　缺血性心肌病入院人数和环境气象要素特征

指标	日均值	标准差	范围
总人群(人次)	18.8	7.9	2~54
65 岁以下(人次)	8.9	4.4	0~24
65 岁及以上(人次)	9.9	4.6	0~32
男性(人次)	10.5	4.8	1~30
女性(人次)	8.3	4.3	0~28

7.1.2　时间分布特征

由逐月日不同人群平均入院人数变化(图 7.1)可见,缺血性心脏疾病日均入院人数 11—12 月最多达 22.8 人次,其次为 3 月达 20.5 人次,10 月为第三达 20.1 人次,6—7 月最少为 16.1 人次,月变化特征的表现是,11—12 月日均住院人数高于其他月份,且夏季日均住院人数较其他季节偏低。65 岁以下日均住院人数为 7.9~10.8 人,65 岁及以上日均住院人数为 7.9~12.4 人,高于 65 岁以下人群,11—12 月日均住院人数高于其他月份。男性日均住院人数 8.9~12.9 人,女性日均住院人数 7.1~10.4 人,明显低于男性日均住院人数,11—12 月日均住院人数高于其他月份,且夏季日均住院人数较其他季节偏低。

以上分析发现,缺血性心脏疾病日均入院人数、男性日均住院人数、女性日均住院人数有明显的季节变化,11 月至次年 2 月日均住院人数高于其他月份,且夏季日均住院人数较其他季节偏低。65 岁及以上人群日均住院人数高于 65 岁以下人群,女性日均住院人数明显低于男性日均住院人数。

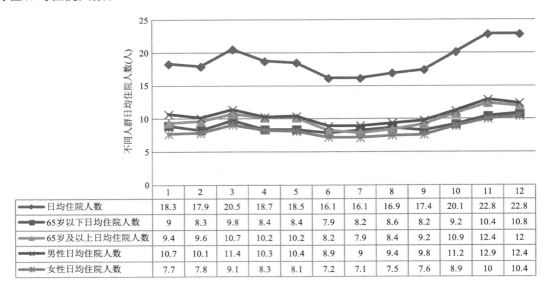

	1	2	3	4	5	6	7	8	9	10	11	12
日均住院人数	18.3	17.9	20.5	18.7	18.5	16.1	16.1	16.9	17.4	20.1	22.8	22.8
65 岁以下日均住院人数	9	8.3	9.8	8.4	8.4	7.9	8.2	8.6	8.2	9.2	10.4	10.8
65 岁及以上日均住院人数	9.4	9.6	10.7	10.2	10.2	8.2	7.9	8.4	9.2	10.9	12.4	12
男性日均住院人数	10.7	10.1	11.4	10.3	10.4	8.9	9	9.4	9.8	11.2	12.9	12.4
女性日均住院人数	7.7	7.8	9.1	8.3	8.1	7.2	7.1	7.5	7.6	8.9	10	10.4

图 7.1　秦皇岛市缺血性心肌病住院人群逐月分布特征

7.2　缺血性心肌病住院人数与气象因子关系研究

通过扫描关联关系,我们发现对缺血性心肌病住院人数有影响的相关因子有 TC、RAIN、RH、P、P_{min}、P_{max}、T、T_{min}、T_{max}(表 7.2)。从以上气象因子与缺血性心肌病日住院人数的暴露—反应关系来看,日平均气温、日最高气温及日最低气温与缺血性心肌病日住院人数为非线性关系,有必要在控制时间变化趋势和其他相关因子的混杂效应下,分别研究 3 个单一因素对缺血性心肌病住院人数的影响。

表 7.2　气象要素与缺血性心肌病日住院人数的相关因子

项目	T	T_{min}	T_{max}	P	P_{max}	P_{min}	TC	RH	RAIN
P 值	<0.001	<0.001	<0.001	<0.001	<0.001	<0.001	0.0093	0.0121	<0.001
自由度	4.15	4.18	5.37	1	1	1	1	1	1

7.2.1　日平均气温与缺血性心肌病日住院人数的关系

通过协变量检查与筛选,确定调整变量为 TC、TC_{lag5}、RAIN、P_{min}、RH、AQI 及年季和节假日。图 7.2 是日平均气温与缺血性心肌病日住院人数的平滑曲线拟合图,可以看出平均气温与缺血性心肌病住院人数的关系为非线性关系,且存在阈值效应。通过饱和阈值效应分析,饱和点为 2.6 ℃,分析结果见表 7.3。$T \leqslant 2.6$ ℃时,$\beta > 0$,RR> 1,$P < 0.0001$,随着日平均气温的降低,缺血性心肌病住院人数呈减少的趋势,其发病住院的相对危险度呈减少的趋势,趋势是显著的;当 $T > 2.6$ ℃ 时,$\beta < 0$,RR< 1,表明随着日平均气温的升高,缺血性心肌病住院人数呈减少的趋势,其发病住院的相对危险度呈减小的趋势,$P < 0.0001$ 表明该趋势是显著的。说明日平均气温在 2.6 ℃时缺血性心肌病住院危险度最高,此时秦皇岛正处于 3 月上中旬和 11 月下旬,3 月和 11 月正值冬春、秋冬季节转化的时期,也正值秦皇岛市开始停暖或供暖的变化时期,气温变化大,早晚温差大,易引发缺血性心肌病。

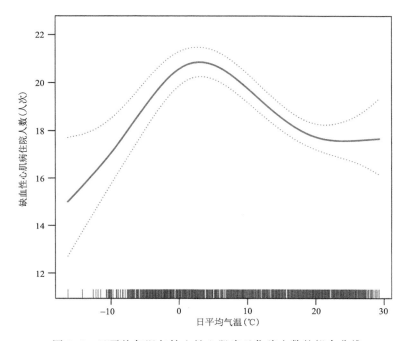

图 7.2　日平均气温与缺血性心肌病日住院人数的拟合曲线

表 7.3　日平均气温与缺血性心肌病日住院人数的拟合结果

指标	β	RR	95%CI	P 值
$T \leqslant 2.6$ ℃	0.019	1.019	1.012~1.026	<0.0001
$T > 2.6$ ℃	−0.01	0.99	0.987~0.993	<0.0001

注:β 为回归系数,RR 和 95%CI 分别为日平均气温在阈值区间每上升 1.0 ℃研究人群缺血性心肌病住院人数增加的相对危险度及 95%的可信区间。

7.2.2　日最高气温与缺血性心肌病日住院人数的关系

通过协变量检查与筛选,确定调整变量为 TC、TC$_{lag5}$、RAIN、P_{min}、RH、AQI 及年季和节假日。图 7.3 是日最高气温与缺血性心肌病日住院人数的平滑曲线拟合图,可以看出二者为非线性关系,与平均气温相似且存在阈值效应。通过饱和阈值效应分析,饱和点为 4.2 ℃,分析结果见表 7.4。

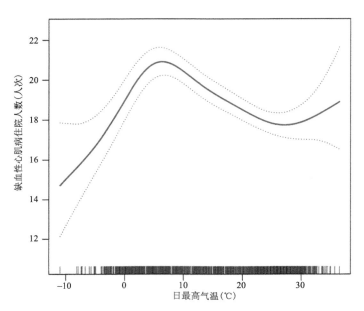

图 7.3　最高气温与缺血性心肌病日住院人数的拟合曲线

表 7.4　日最高气温与缺血性心肌病日住院人数的拟合结果

指标	β	RR	95%CI	P 值
$T_{max} \leqslant 4.2\ ℃$	0.027	1.027	1.019~1.036	<0.0001
$T_{max} > 4.2\ ℃$	−0.08	0.92	0.990~0.995	<0.0001

注:β 为回归系数,RR 和 95%CI 分别为日最高气温在阈值区间每上升 1.0 ℃研究人群缺血性心肌病住院人数增加的相对危险度及 95% 的可信区间。

　　以上分析显示,当 $T_{max} \leqslant 4.2\ ℃$时,$\beta>0$,RR>1,$P<0.0001$,随着日最高气温的升高,缺血性心肌病住院人数呈增加的趋势,其发病住院的相对危险度呈增加的趋势,趋势是显著的;当 $T_{max}>4.2\ ℃$ 时,$\beta<0$,RR<1,表明随着日最高气温的升高,缺血性心肌病住院人数呈减少的趋势,其发病住院的相对危险度呈减小的趋势,$P<0.0001$ 表明该趋势是显著的。

7.2.3　日最低气温与缺血性心肌病疾病日住院人数的关系

　　通过协变量检查与筛选,确定调整变量为 TC_{lag5}、RAIN、P_{min}、RH、AQI 及年季和节假日。图 7.4 是日最低气温与缺血性心肌病日住院人数的平滑曲线拟合图,可以看出最低气温与缺血性心肌病住院人数的关系为非线性关系,与平均气温相似且存在阈值效应。通过饱和阈值效应分析,饱和点为−3.3 ℃,分析结果见表 7.5。

　　当 $T_{min} \leqslant -3.3\ ℃$时,$\beta>0$,RR$>1$,$P<0.0001$,随着日最低气温的升高,缺血性心肌病住院人数呈增加的趋势,其发病住院的相对危险度呈增加的趋势,趋势是显著的;当 $T_{min}> -3.3\ ℃$时,$\beta<0$,RR<1,随着日最低气温的升高,缺血性心肌病住院人数呈减少的趋势,其发病住院的相对危险度呈减小的趋势,$P<0.0001$ 表明该趋势是显著的。

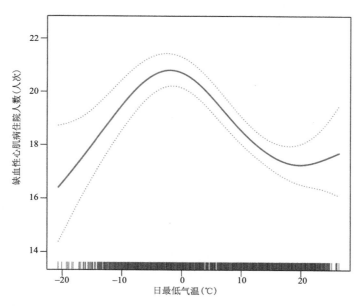

图 7.4 日最低气温与缺血性心肌病日住院人数的曲线拟合

表 7.5 日最低气温与缺血性心肌病日住院人数的拟合结果

指标	β	RR	95%CI	P 值
$T_{min} \leqslant -3.3$ ℃	0.015	1.015	1.009~1.021	<0.0001
$T_{min} > -3.3$ ℃	−0.009	0.991	0.988~0.993	<0.0001

注：β 为回归系数，RR 和 95%CI 分别为日最低气温在阈值区间每上升 1.0 ℃研究人群缺血性心肌病住院人数增加的相对危险度及 95% 的可信区间。

7.3 年龄分层后缺血性心肌病住院人数与气象因子关系

7.3.1 缺血性心肌病年龄分层后(65 岁以下)与气象条件关系研究

经过分析 65 岁以下人群缺血性心肌病住院人数与 T、T_{min} 和 T_{max} 为显著非线性关系(表7.6)发现，与总人群不同的是，与 TC、RH、P、P_{min}、P_{max} 关系不显著。

表 7.6 气象要素与 65 岁以下人群缺血性心肌病日住院人数的相关因子

项目	T	T_{min}	T_{max}	RAIN	T_{Clag5}
P 值	<0.001	<0.001	<0.001	<0.001	<0.001
自由度	4.2	4.9	4.31	1	1

由于 T、T_{min} 和 T_{max} 与 65 岁以下人群缺血性心肌病住院人数为显著非线性关系，需要在控制时间变化趋势和其他相关因子的混杂效应下，分别研究 3 个单一因素对 65 岁以下人群缺血性心肌病住院人数的影响。日平均气温、日最低气温、日最高气温与 65 岁以下人群缺血性心肌病住院人数的拟合结果如表 7.7 所示。

表 7.7　气温与 65 岁以下人群缺血性心肌病住院人数的拟合结果

项目	协变量因子	指标	β	RR	95%CI	P 值
日平均气温	TC_{lag5}、RAIN、P_{min}、RH 及年季和节假日	$T \leqslant 2.6\ ℃$	0.019	1.019	1.009—1.029	0.0001
		$2.6\ ℃ < T \leqslant 18.5\ ℃$	−0.017	0.983	0.978—0.989	<0.0001
		$T > 18.5\ ℃$	0.003	1.003	0.989—1.018	0.6332
日最高气温	TC_{lag5}、RAIN、P_{min}、RH 及年季和节假日	$T_{max} \leqslant 6.6\ ℃$	0.02	1.020	1.010—1.029	<0.0001
		$6.6\ ℃ < T_{max} \leqslant 26.7\ ℃$	−0.012	0.988	0.984—0.993	<0.0001
		$T_{max} > 26.7\ ℃$	0.006	1.006	0.985—1.027	0.5783
日最低气温	TC_{lag5}、RAIN、P_{min}、RH 及年季和节假日	$T_{min} \leqslant -3.3\ ℃$	0.015	1.015	1.007—1.024	0.0005
		$-3.3\ ℃ < T_{min} \leqslant 16.5\ ℃$	−0.011	0.989	0.985—0.994	<0.0001
		$T_{min} > 16.5\ ℃$	0.02	1.020	1.003—1.038	0.0181

　　图 7.5 是日平均气温、日最高气温、日最低气温与 65 岁以下人群缺血性心肌病住院人数暴露—反应关系及与总人群关系对比图。可以看出,当 $T \leqslant 18.5\ ℃$ 时,65 岁以下人群缺血性心肌病住院危险度与总人群的影响是一致的;与总人群不同的是,当 $T > 18.5\ ℃$ 时,日平均气温对 65 岁以下人群缺血性心肌病发病住院的相对危险度没有显著的影响。当 $T_{min} \leqslant 16.5\ ℃$ 时,65 岁以下人群缺血性心肌病住院危险度与总人群的影响是一致的;当 $T > 16.5\ ℃$ 时,日平均气温对 65 岁以下人群缺血性心肌病发病住院的相对危险度没有显著的影响。当 $T_{max} \leqslant 6.6\ ℃$ 时,$\beta > 0$,$RR > 1$,$P < 0.0001$,随着日最高气温的升高,65 岁以下人群缺血性心肌病住院人数呈增加的趋势,其发病住院的相对危险度呈上升的趋势,该趋势是显著的;当 $6.6\ ℃ <$

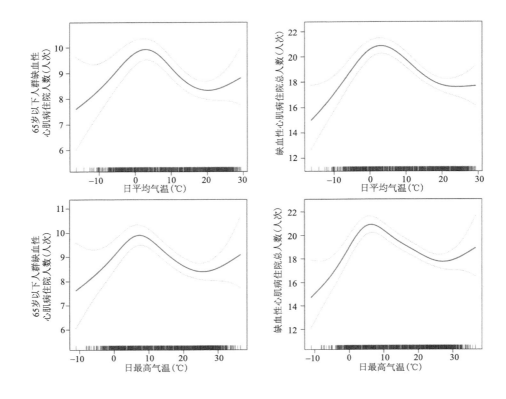

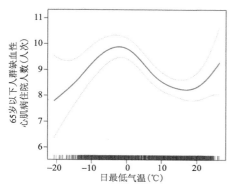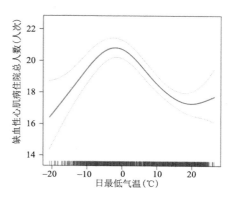

图 7.5　气温与 65 岁以下缺血性心肌病住院人数的暴露—反应关系及与总人群关系对比图

$T_{max} \leq 26.7$ ℃时,$\beta < 0$,RR<1,$P<0.0001$,随着日最高气温的升高,65 岁以下人群缺血性心肌病住院人数呈减少的趋势,其发病住院的相对危险度呈降低的趋势,该趋势是显著的;当 $T_{max} > 26.7$ ℃时,$P>0.05$,对秦皇岛地区 65 岁以下人群缺血性心肌病发病住院的相对危险度没有显著的影响。说明不论是日平均气温、日最高气温、日最低气温,65 岁以下缺血性心肌病人群对较高的气温的耐受性强于总人群。

7.3.2　缺血性心肌病年龄分层后(65 岁及以上)与气象条件关系

表 7.8 显示,65 岁及以上人群缺血性心肌病住院人数与 T、T_{min} 和 T_{max} 为显著非线性关系,在控制时间变化趋势和其他相关因子的混杂效应下,分别研究 3 个单一因素对 65 岁及以上人群缺血性心肌病住院人数的影响,拟合结果如表 7.9 所示。

表 7.8　气象要素与 65 岁及以上人群缺血性心肌病日住院人数的相关因子

项目	T	T_{min}	T_{max}	RAIN	TC	P	P_{min}	P_{max}
P 值	<0.001	<0.001	<0.001	<0.001	<0.001	0.0011	0.0003	0.002
自由度	3.51	3.19	5.28	1	1	1	1	1

表 7.9　气温与 65 岁及以上人群缺血性心肌病日住院人数的拟合结果

项目	协变量因子	指标	β	RR	95%CI	P 值
日平均气温	RAIN、P_{min}、RH、AQI 及年、季和节假日	$T \leq 6.7$ ℃	0.016	1.016	1.011~1.021	<0.0001
		$T > 6.7$ ℃	−0.015	0.985	0.981~0.989	<0.0001
日最低气温	RAIN、P_{min}、RH、AQI 及年、季和节假日	$T_{min} \leq -1.7$ ℃	0.013	1.013	1.005~1.021	0.0007
		$T_{min} > -1.7$ ℃	−0.01	0.99	0.986~0.994	<0.0001
日最高气温	BT、TC_{lag3}、P_{min}、RH、AQI、RAIN 及年、季和节假日	$T_{max} \leq 6.7$ ℃	0.023	1.023	1.014~1.033	<0.0001
		$T_{max} > 6.7$ ℃	−0.006	0.994	0.990~0.997	0.0011

图 7.6 是日平均气温、日最低气温、日最高气温与 65 岁及以上缺血性心肌病住院人数的暴露—反应关系及与总人群关系对比,可以看出,日平均气温对 65 岁及以上缺血性心肌病人群的影响与总人群相似,只是 65 岁及以上人群在日平均气温为 6.7 ℃时住院危险度最高

（总人群为 2.6 ℃）；日最低气温对 65 岁及以上人群的影响与总人群也相似，只是在－1.7 ℃时危险度最高（总人群为－3.3 ℃）；日最高气温对 65 岁及以上人群的影响与总人群也相似，只是在 6.7 ℃时危险度最高（总人群为 4.2 ℃）。

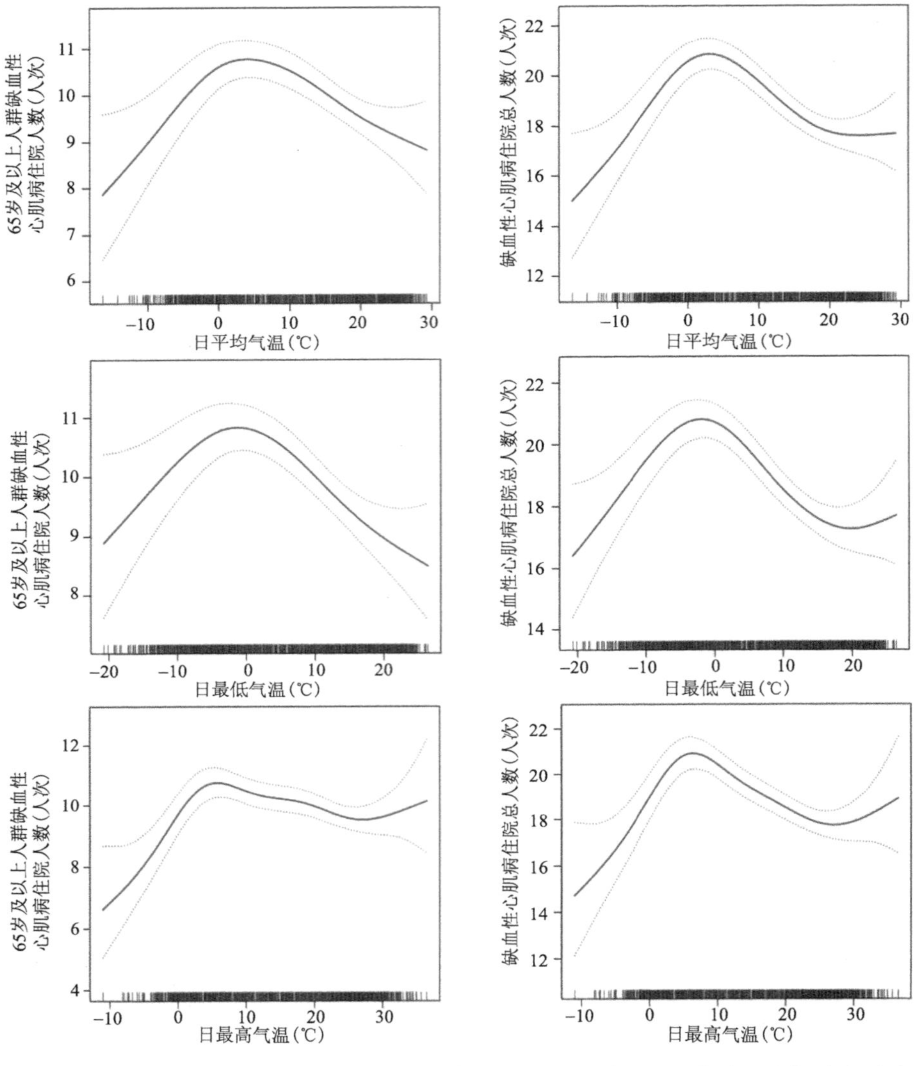

图 7.6 相关气象因子与 65 岁及以上缺血性心肌病住院人数的暴露—反应关系及与总人群关系对比

7.4 性别分层后缺血性心肌病住院人数与气象因子关系

7.4.1 缺血性心肌病性别分层后(男性)与气象条件关系研究

调整了年季及节假日混杂效应，通过扫描关联关系，与男性人群缺血性心肌病住院人数有显著相关关系的因子有 T_{min}、T、T_{max}、P_{min}、P、P_{max}（表 7.10），均为显著非线性关系（$P<$

0.05)，需要在控制时间变化趋势和其他相关因子的混杂效应下，分别研究各单一因素对男性人群缺血性心肌病住院人数的影响。结果如表 7.11 所示。

表 7.10　气象要素与男性缺血性心肌病日住院人数的相关因子

项目	T_{min}	T	T_{max}	P_{min}	P	P_{max}
P 值	<0.0001	<0.0001	<0.0001	0.0019	0.0048	0.0025
自由度	3.98	3.5	4.11	2.99	2.6	3.23

表 7.11　气温与男性人群缺血性心肌病日住院人数的拟合结果

项目	协变量因子	指标	β	RR	95%CI	P 值
日平均气温	BT、RAIN、P_{min}、RH、AQI 及年、季和节假日	$T \leqslant 3.1$ ℃	0.016	1.016	1.010~1.023	<0.0001
		$T > 3.1$ ℃	-0.01	0.99	0.986~0.993	<0.0001
日最低气温	BT、RAIN、P_{min}、RH、AQI 及年、季和节假日	$T_{min} \leqslant -1.7$ ℃	0.014	1.014	1.008~1.019	<0.0001
		$T_{min} > -1.7$ ℃	-0.01	0.99	0.987~0.994	<0.0001
日最高气温	BT、RAIN、P_{min}、RH、AQI 及年、季和节假日	$T_{max} \leqslant 6.5$ ℃	0.022	1.022	1.014~1.030	<0.0001
		$T_{max} > 6.5$ ℃	-0.008	0.992	0.989~0.995	<0.0001

　　通过协变量检查与筛选，在研究日平均气压与男性人群缺血性心肌病日住院人数的关系时确定调整变量为 BT、RAIN、T_{max}、RH、AQI 及年季和节假日；在研究日最高气压与男性人群缺血性心肌病日住院人数的关系时确定调整变量为 BT、TC_{lag2}、TC_{lag5}、TC_{lag6}、RH、AQI、RAIN、T_{max}、T、TC_{lag1}、TC_{lag3}、TC_{lag4} 及年季和节假日；在研究日最低气压与男性人群缺血性心肌病日住院人数的关系时确定调整变量为 BT、RAIN、T_{max}、RH、AQI 及年季和节假日后，控制时间变化趋势和其他相关因子的混杂效应下，这 3 项的影响由非线性变成线性关系，且均不显著（$P > 0.05$）。因此，与男性缺血性心肌病人群相关的气象因子只剩气温项。图 7.7 是日平均气温、日最高气温、日最低气温与男性缺血性心肌病住院人数的暴露—反应关系及与总人群关系对比图，日平均气温对男性缺血性心肌病人群的影响与总人群一致，只是男性在日平均气温为 3.1 ℃时住院危险度最高（总人群为 2.6 ℃）；日最低气温对男性人群的影响与总人群一致，只是在 -1.7 ℃时危险度最高（总人群为 -3.3 ℃）；日最高气温对男性人群的影响与总人群一致，只是在 6.5 ℃时危险度最高（总人群为 4.2 ℃）。

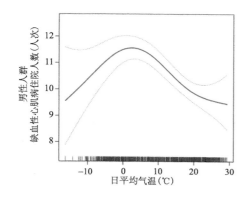
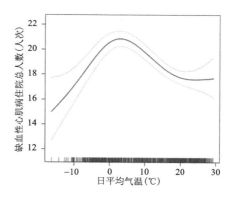

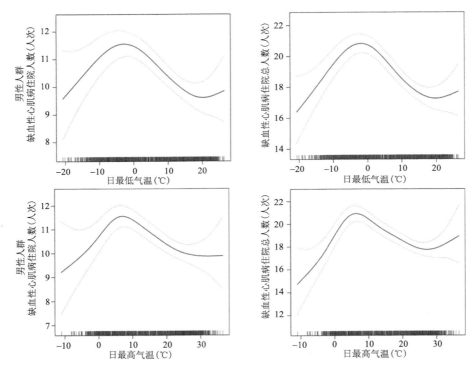

图 7.7　相关气象因子与男性缺血性心肌病住院人数的暴露—反应关系及与总人群关系对比

7.4.2　缺血性心肌病性别分层后(女性)与气象条件关系研究

调整了年季及节假日混杂效应,通过扫描关联关系,与女性人群缺血性心肌病日住院人数有显著相关关系的因子有 BT、TC、RAIN、T_{min}、T、T_{max}、P_{min}、P_{max}、P,T_{min}、T、T_{max}、BT 等气象因子与女性人群缺血性心肌病住院人数为显著非线性关系(表 7.12)。在控制时间变化趋势和其他相关因子的混杂效应下,分别研究日平均气温、日最高气温、日最低气温单一因素对女性人群缺血性心肌病住院人数的影响(表 7.13)。

表 7.12　气象要素与女性缺血性心肌病日住院人数的相关因子

要素	T_{min}	T	T_{max}	P_{min}	P	P_{max}	RAIN	BT	TC
P 值	<0.01	<0.01	<0.01	<0.01	<0.01	0.0236	<0.01	0.0312	0.0019
自由度	3.68	3.97	4.92	1	1	1	1	1	1

表 7.13　气温与女性缺血性心肌病日住院人数的拟合结果

项目	协变量因子	指标	β	RR	95%CI	P 值
日平均气温	BT、RAIN、P_{min}、RH、TC_{lag5} 及年、季和节假日	$T \leqslant 0.2$ ℃	0.032	1.032	1.02~1.044	<0.0001
		$T > 0.2$ ℃	-0.007	0.993	0.989~0.997	0.0017
日最低气温	BT、RAIN、P_{min}、RH、TC_{lag5} 及年、季和节假日	$T_{min} \leqslant -3.3$ ℃	0.02	1.02	1.011~1.029	<0.0001
		$T_{min} > -3.3$ ℃	-0.009	0.991	0.986~0.995	<0.0001

续表

项目	协变量因子	指标	β	RR	95%CI	P 值
日最高气温	BT、TC_{lag5}、P_{min}、RH、AQI、RAIN、TC、TC_{lag1}、TC_{lag2}及年、季和节假日	$T_{max}\leqslant2$ ℃	0.056	1.056	1.037~1.075	<0.0001
		2 ℃<$T_{max}\leqslant24.8$ ℃	−0.006	0.994	0.989~1.000	0.0322
		$T_{max}>24.8$ ℃	0.021	1.021	1.004~1.038	0.014

　　由图 7.8 可见,日平均气温对女性缺血性心肌病人群的影响与总人群相似,只是女性在日平均气温为 0.2 ℃时住院危险度最高(总人群为 2.6 ℃);日最低气温对女性人群的影响与总人群一致,均在−3.3 ℃时危险度最高;日最高气温对女性人群的影响有两个拐点为 2 ℃ 和 24.8 ℃,当 $T_{max}\leqslant2$ ℃时,随着日最高气温的升高,女性人群住院的相对危险度呈上升的趋

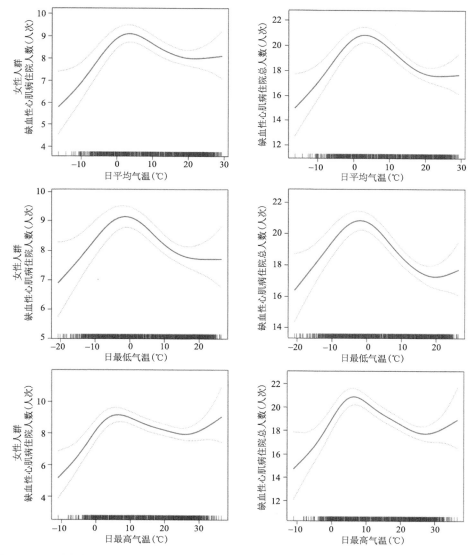

图 7.8　相关气象因子与女性缺血性心肌病住院人数的暴露—反应关系及与总人群关系对比

势,当2 ℃<T_{max}≤24.8 ℃时,随着日最高气温的升高,女性人群住院的相对危险度呈降低的趋势,T_{max}>24.8 ℃时,随着日最高气温的升高,女性人群缺血性心肌病发病住院的相对危险度呈上升的趋势,而总人群拐点是4.2 ℃,最高气温在4.2 ℃时危险度最高。气温对女性缺血性心肌病人群住院危险度的拐点较男性低,说明女性缺血性心肌病人群较男性对更低的气温的耐受性更强,但在最高气温高于24.8 ℃开始,女性人群住院人数呈增多的趋势。

参考文献

白保勋,陈东海,徐婷婷,等,2016.河南中北部不同植被区空气负离子浓度变化分析[J].生态环境学报,25
　（10）:1629-1637.

常艾,刘敏,李常陵,2015.探讨空气负离子浓度与气象条件的关系[J].北京农业:下旬刊(2):2.

陈常中,陈星霖,魏晟,2016.流行病学数据分析与易俪统计软件实现[M].上海:上海科学技术出版社.

陈观进,钟根伟,李沛,等,1993.湛江市区脑血管病死亡率与气象关系的探讨[J].中国流行病学杂志,14(4):
　234-235

陈桂标,2000.人体舒适度的预报方法[J].广东气象(4):29-30.

陈林利,汤军克,董英,等,2006.广义相加模型在环境因素健康效应分析中的应用[J].数理医药学杂志,19
　(6):569-570.

程一帆,张莹,王式功,等,2014.人工神经网络在呼吸系统疾病急诊就诊人数预报中的应用[J].兰州大学学报
　（自然科学版）,50(1):75-79.

丛菁,孙立娟,2010.大连市负氧离子浓度分布及预测模型的建立[J].气象与环境学报,26(4):44-47.

范佳妮,王振雷,钱锋,2005.BP 人工神经网络隐层结构设计的研究进展[J].控制工程,12(10):105-109.

房小怡,李磊,杜吴鹏,等,2015.近 30 年北京气候舒适度城郊变化对比分析[J].气象科技,43(5):918-924.

冯鹏飞,于新文,张旭,2015.北京地区不同植被类型空气负离子浓度及其影响因素分析[J].生态环境学报,24
　(5):818-824.

付桂琴,贾小卫,刘华悦,等,2017.河北石家庄地区气温对儿童哮喘病就诊人数的影响[J].干旱气象,34(1):
　122-127.

国家海洋局,2010.滨海旅游度假区环境评价指南:HY/T 127—2010[S].北京:中国标准出版社.

国家卫生健康委员会,2019.2019 中国卫生健康统计年鉴[M].北京:中国协和医科大学出版社.

郭菊馨,白波,王自英,等,2005.滇西北旅游景区气象指数预报方法研究[J].气象科技,33(6):604-608.

韩世刚,2010.重庆市生活气象指数预报开发研究[C].第 27 届中国气象学会年会城市气象让生活更美好分
　会场论文集:3.

胡喜生,柳冬香,洪伟,等,2012.福州市不同类型绿地空气负离子效应评价[J].农学学报,2(10):42-45.

环境保护部,2012.环境空气质量指数:AQI 技术规定(HJ633-2012)[S].北京:中国环境科学出版社.

黄建武,陶家元,2002.空气负离子资源开发与生态旅游[J].华中师范大学学报(自然科学版),36(2):
　253-257.

黄彦柳,陈东辉,陆丹,等,2004.空气负离子与城市环境[J].干旱环境监测,18(4):208-211.

贾海源,陆登荣,2010.甘肃省人体舒适度地域分布特征研究[J].干旱气象,28(4):449-454.

金琪,孟英杰,2017.1960－2016 年武汉城市圈人体舒适度变化特征[J].气象与环境学报,33(6):82-88.

康志遥,1982.空气离子的生物效应与生理机制[J].自然杂志,5(1):843-845.

李陈贞,甘德欣,陈晓莹,2009.不同生态环境条件对空气负离子浓度的影响研究[J].现代农业科学,16(5):
　174-176.

李飞,兰泽民,1991.峨眉山疗养区室外空气离子浓度状况测定[J].中华理疗杂志,14(1):2.

李乐,艾荣,蒋加磊,2016.儿童重症肺炎支原体肺炎治疗新进展[J].医学综述,22(5):943-946.

李青山,刘军,狄有波,等,2008.北戴河空气负离子浓度测定与负离子评价标准[J].中国环境管理干部学院学
　报,18(4):1-4.

李树岩,马志红,许蓬蓬,等,2007.河南省人体舒适度气候指数分析[J].气象与环境科学,30(4):49-53.

李源,袁业畅,陈云生,2000.武汉市人体舒适度计算方法及其预报[J].湖北气象,32(1):27-28.

李占海,柯贤坤,周旅复,等,2000.海滩旅游资源质量评比体系[J].自然资源学报,15(3):229-235.

梁诗,童庆宣,池敏杰,2010.城市植被对空气负离子的影响[J].亚热带植物科学,39(4):46-50.

林金明,宋冠群,赵丽霞,2006.环境、健康与负氧离子[M].北京:化学工业出版社.

刘新,吴林豪,张浩,等,2011.城市绿地植物群落空气负离子浓度及影响要素研究[J].复旦学报(自然科学版),50(2):206-212.

刘宇,董蓉,王晓立,等,2015.不同群落结构绿地空气负离子浓度与颗粒物的关系[J].江苏农业科学,43(11):465-467.

龙余良,刘志萍,喻迎春,等,2002.南昌市几种生活气象指数简介[J].江西气象科技,25(2):40-43.

吕梦瑶,张恒德,王继康,等,2019.2015年冬季京津冀两次重污染天气过程气象成因[J].中国环境科学,39(7):2748-2757.

卢志刚,王亚利,张明泉,等,2010.秋冬季节对健康大鼠肺组织表面活性蛋白A和白细胞介素6表达的影响[J].中国组织工程研究与临床康复,14(11):2000-2003.

马慧轩,徐保平,申阿东,2015.儿童社区获得性肺炎流行病学和病原学研究进展[J].标记免疫分析与临床,22(9):936-939.

马守存,张书余,王宝鉴,2011.气象条件对心脑血管疾病的影响研究进展[J].干旱气象,29(3):50-354.

蒙晋佳,张燕,2005.地面上的空气负离子主要来源于植物的尖端放电[J].环境科学与技术,28(1):112-113.

莫运政,郑亚安,陶辉,等,2012.日均气温与呼吸系统疾病急诊人次相关性的时间序列分析[J].北京大学学报(医学版),44(3):416-420.

倪军,2005.城市不同功能区典型下垫面空气离子与环境因子的相关研究——以上海徐汇区为例[D].上海:上海师范大学.

任晓旭,陈勤娟,董建华,等,2016.杭州城区空气负离子特征及其与气象因子的关系[J].环境保护科学,42(3):109-112.

尚可,杨晓亮,张叶,等,2016.河北省边界层气象要素与$PM_{2.5}$关系的统计特征[J].环境科学研究,29(3):323-333.

邵海荣,杜建军,单宏臣,等,2005.用空气负离子浓度对北京地区空气清洁度进行初步评价[J].北京林业大学学报,27(4):56-59.

沈树勤,严明良,尹东屏,等,2003.江苏省环境气象指数开发技术初探[J].气象,29(2):17-20.

石强,舒惠芳,钟林生,等,2004.森林游憩区空气负离子评价研究[J].林业科学,40(1):36-40.

孙广禄,王晓云,章新平,等,2011.京津冀地区人体舒适度的时空特征[J].气象与环境学报,27(3):18-23.

谭远军,王恩,张鹏翀,等,2013.空气负离子时空变化及保健功能研究进展[J].北方园艺,37(9):208-211.

汪靖,张晓云,蔡子颖,等,2015.天津一次重污染天气过程气象成因及预报分析[J].环境科学与技术,38(12):77-82.

王非,李冰,周蕴薇,2016.城市森林公园空气负离子浓度与气象因子的相关性[J].东北林业大学学报,44(2):18-21.

王金玉,李盛,冯亚莉,等,2019.气温对兰州市流行性感冒发病滞后效应[J].中国公共卫生,35(9):1245-1249.

王薇,2014.空气负离子浓度分布特征及其与环境因子的关系[J].生态环境学报,23(6):979-984.

王薇,陈明,2016.城市绿地空气负离子和$PM_{2.5}$浓度分布特征及其与微气候关系——以合肥天鹅湖为例[J].生态环境学报,25(9):1499-1507.

王薇,余庄,2013.中国城市环境中空气负离子研究进展[J].生态环境学报,22(4):705-711.

王薇,张之秋,2014.城市住区空气负离子浓度时空变化及空气质量评价——以合肥市为例[J].生态环境学报,23(11):1783-1791.

韦朝领,王敬涛,蒋跃林,等,2006.合肥市不同生态功能区空气负离子浓度分布特征及其与气象因子的关系[J].应用生态学报,17(11):2158-2162.

翁锡全,2004.体育·环境·健康[M].北京:人民体育出版社.

吴兑,2003.多种人体舒适度预报公式讨论[J].气象科技,31(6):370-372.

肖晶晶,李正泉,郭芬芬,等,2017.浙江省人居环境气候适宜度概率分布分析[J].气象与环境科学,40(1):120-125.

谢静芳,王晓明,王立明,等,2001.长春市心脑血管疾病复发与气象条件的关系分析[J].吉林气象(4):25.

严明良,缪启龙,沈树勤,等,2008.人体健康气象指数的设计及预报技术探讨[J].气象科学,28(6):678-682.

严明良,沈树勤,2005.环境气象指数的设计方法探讨[J].气象科技,33(6):583-588.

闫秀婧,2010,青岛市森林与湿地负离子的空间分布特征[J].林业科学,46(6):66-69.

杨宏青,陈正洪,肖劲松,等,2001.呼吸道和心脑血管疾病与气象条件关系及其预报模型[J].气象科技(2):49-52.

岳海燕,申双和,2009.呼吸道和心脑血管疾病与气象条件关系的研究进展[J].气象与环境学报,25(2):57.

张德山,刘燕,丁德平,等,2007.京津地区儿童呼吸系统疾病医疗气象预报初步研究[J].气候与环境研究,12(6):804-810.

张书余,王宝鉴,谢静芳,等,2010.吉林省心脑血管病与气象条件关系分析和预报研究[J].气象,36(9):106-110.

张书余,2010.医疗气象预报[M].北京:气象出版社.

张书余,张夏琨,谢静芳,等,2012.白山市感冒与气象条件关系分析和预报[J].气象,38(6):740-744.

赵艳佩,2014.上海市环境空气负离子分布规律及其与影响因子的关联性研究[D].上海:上海师范大学.

郑衡宇,骆培聪,吕刚,等,2009.福建主要城市周边平缓高地避暑休闲气候评价[J].亚热带资源与环境学报,4(1):59-70.

中华人民共和国住房和城乡建设部,2009.游泳池给水排水工程技术规程:CJJ122-2017[S].北京:中国建筑工业出版社.

周斌,余树全,张超,等,2011.不同树种林分对空气负离子浓度的影响[J].浙江农林大学学报,28(2):200-206.

周启星,2006.气候变化对环境与健康影响研究进展[J].气象与环境学,22(1):39-43.

周雅清,郭雪梅,2007.山西省生活气象指数预报分级解析[J].太原科技,6:35-36.

周志勇,匡秀英,沈瑞娟,1996.杭州景观疗养地空气负离子观测分析[J].中国疗养医学,5(3):9-10.

BACCINI M, BIGGERI A, ACCETTA G, et al, 2008. Heat effects on mortality in 15 European cities[J]. Epidemiology, 19(5):711-719.

CURRIERO F C, HEINER K S, SAMET J M, et al, 2002. Temperature and mortality in 11 cities of the eastern United States[J]. American Journal of Epidemiology, 155(1):80-87.

HAINES A, MCMICHAEL A J, EPSTEIN P R, 2000. Environment and health:2. Global climate change and health[J]. Canadian Medical Association Journal,163(6): 729-734.

KOVATS R S, HAJAT S, WILKINSON P,2004. Contrasting patterns of mortality and hospital admissions during hot weather and heat waves in Greater London, UK[J]. Occupational and Environmental Medicine, 61(11): 893-898.

LEATHERMAN S P,1997. Beach rating:a methodological approach[J]. Journal of Coastal Research,13(1):253-258.

LEITTE A M, PETRESCU C, FRANCK U, et al, 2009. Respiratory health, effects of ambient air pollution and its modification by air humidity in Drobeta-Turnu Severin, Romania [J]. Science of the Total Environment，407(13)：4004-4011.

LIN S，LUO M，WALKER R J，et al，2009. Extreme high temperatures and hospital admissions for respiratory and cardiovascular diseases[J]. Epidemiology，20(5)：738-746.

LOWEN A C，MUBAREKA S，STEEL J，et al，2007. Influenza virus transmission is dependent on relative humidity and temperature[J]. PLoS Pathog，3(10)：1470-1476.

MORGAN G C，2003. The effects of low level air pollution on daily mortality and hospital admissions in Sydney，Australia，1994 to 2000[J]. Epidemiology，14(1)：111-112.

NAFSTAD P，SKRONDAL A，BJERTNESS E，2001. Mortality and temperature in Oslo，Norway，1990-1995[J]. Eur J Epidemiol，17(7)：621-627.

OLIVER J E，1973. Climate and Man's Environment：An Introduction to Applied Climatology [M]. New York：John Wiley & Sons Inc.

SHEFFIELD P E，LANDRIGAN P J，2011. Global climate change and children's health：Threats and strategies for prevention [J]. Environmental Health Perspectives，119(3)：291-298.

SHORT A D，1996. Beaches of the Victorian Coast and Port Phillip Bay：A Guide to their nature，characteristics，surf and safety[R]. Coastal Studies Unit of the University of Sydney，23-59.

STAFOGGIA M，FORASTIERE F，AGOSTINI D，et al，2006. Vulnerability to heat related mortality：a multicity，population-based，case-crossover analysis[J]. Epidemiology，17(3)：315-323.

TERJUNG W H，1966. Physiologic climates of the contentious united states：A Bio-climatic classification Based on man[J]. Annals A A G，5(1)：141-179.

WELLIVER R S，2007. Temperature，humidity，and ultraviolet B radiation predict community respiratory syncytial virus activity[J]. Pediatr Infect Dis J，26(Supple 11)：S29-S35.

World Health Organization，2003. Guidelines for safe recreational water environments：Volume 1，Coastal and fresh[R]. Geneva.

附　录　体感温度计算公式

康养气象指数判定方法中体感温度计算公式如下：

$$T_g = \begin{cases} T + \dfrac{9.5}{T_{max} - T_{min}} + \dfrac{RH - 60}{15} - \dfrac{v - 2}{2} & T_{max} \geqslant 28.0 \ ℃ \\[2ex] T + \dfrac{RH - 60}{15} - \dfrac{v - 2}{2} & 18.0 \ ℃ < T_{max} < 28.0 \ ℃ \\[2ex] T - \dfrac{RH - 60}{15} - \dfrac{v - 2}{2} & T_{max} \leqslant 18.0 \ ℃ \end{cases}$$

式中：

T_g——体感温度（℃）；

T——平均气温（℃）；

T_{max}——最高气温（℃）；

T_{min}——最低气温（℃）；

RH ——平均相对湿度（%）；

v ——平均风速（m/s）。

编者后记

　　本书医疗气象的内容是以秦皇岛主要医院 2012—2017 年住院资料开展的分析,因各相关医院正是电子资料建立初期,获取的资料参差不齐。

　　第 5 章、第 6 章和第 7 章所用的资料为住院病历资料,由于每个人的耐受性不同,不同疾病从发病到住院的延迟时间不同,所以住院病例不能很好地反映发病时间,同时缺乏最新资料开展预报检验,对预报的评价不够科学。由于病例人数较少,所以没有对病例进行更精细化的筛选,也没有对病例进行季节性分析,不同疾病对同一气象要素的反应不同,同一疾病对同一要素在不同季节的反应也不同,如脑血管疾病中,很多研究指出脑溢血和脑梗塞对低温和高温的耐受性正好相反,但因个例较少,没有将二者分开研究,对气温对其影响结果会有偏差,还需要在病例数量增多后进行更深入的研究。

　　环境、气象要素对疾病的影响只是疾病触发因素的条件之一,影响疾病发生的因素非常复杂,第 5 章和第 6 章的研究都把空气质量对疾病的影响也加入了因子的筛选中,但空气质量的因子一直没有入选,可能与秦皇岛地区空气质量较好、重污染天数少有关系;变温对疾病的影响也不如文献里结果影响明显,这点还需要在今后资料更多时单独进行研究。

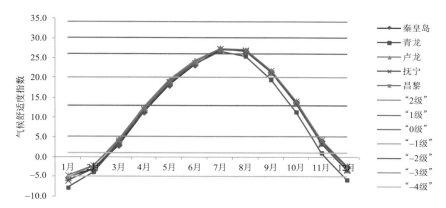

图 2.2　月平均气候舒适度指数分布

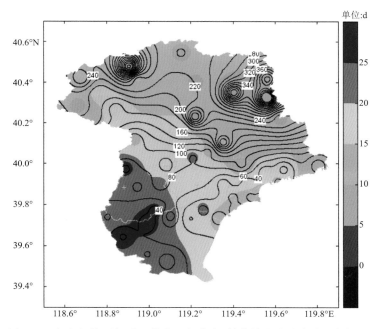

图 2.9　秦皇岛热不舒适日数的空间分布(等值线为海拔高度,单位:m)

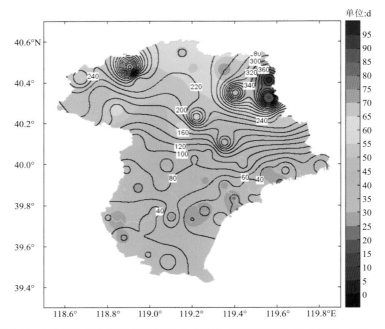

图 2.10　秦皇岛寒冷极不舒适日数的空间分布(等值线为海拔高度,单位:m)

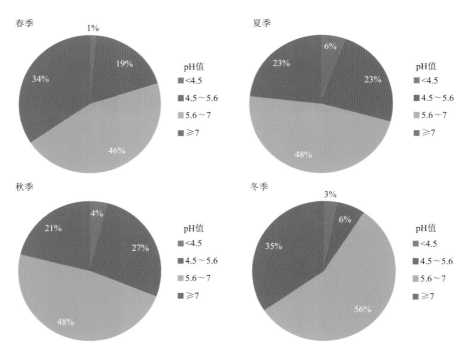

图 4.11　2005—2019 年秦皇岛酸雨季节性发生占比